MUT STEHT UNS GUT!

ANTJE VON DEWITZ

MUT STEHT UNS GUT!

Nachhaltig, menschlich, fair – mit Haltung zum Erfolg

Sämtliche Angaben in diesem Werk erfolgen trotz sorgfältiger Bearbeitung ohne Gewähr. Eine Haftung der Autoren bzw. Herausgeber und des Verlages ist ausgeschlossen.

Das Zitat im Innenteil des Buches haben wir verwendet mit freundlicher Genehmigung von:
© aus: John Irving: Owen Meany
aus dem Amerikanischen von Edith Nerke und Jürgen Bauer
Copyright der deutschsprachigen Ausgabe © 1990, 1992 Diogenes Verlag AG Zürich

1. Auflage 2020
Copyright der deutschen Erstausgabe © 2020 Benevento Verlag
bei Benevento Publishing Salzburg – München,
eine Marke der Red Bull Media House GmbH, Wals bei Salzburg

Medieninhaber, Verleger und Herausgeber:
Red Bull Media House GmbH
Oberst-Lepperdinger-Straße 11–15
5071 Wals bei Salzburg, Österreich

Satz: MEDIA DESIGN: RIZNER.AT
Gesetzt aus der Palatino, Bureau Grotesk FB One Five
Umschlaggestaltung: Martina Eisele, München
Umschlagfoto: © Vaude / Nicole Maskus-Trippel / bodensee-fotografen.de
Printed by CPI Books GmbH, Germany

ISBN: 978-3-7109-0072-3

Dieses Buch wurde zu 100 Prozent klimaneutral produziert.
Umschlag aus Gmund Bio Cycle, 100 Prozent recycelter Zellstoff.

Wenn dir etwas am Herzen liegt,
dann musst du es beschützen – und wenn du
so viel Glück hast, eine Art zu leben zu finden,
die dir gefällt, dann musst du den Mut haben,
sie auch zu leben.

JOHN IRVING, OWEN MEANY

INHALT

VORWORT VON WINFRIED KRETSCHMANN

Altkanzler Helmut Schmidt hat einmal gesagt: »Wer Visionen hat, sollte zum Arzt gehen.« Antje von Dewitz ist nicht zum Arzt gegangen, sondern zu VAUDE, der Firma ihres Vaters. Dort hat sie die Ärmel hoch- und die Firma umgekrempelt. Ihre Vision: VAUDE sollte das nachhaltigste Unternehmen Europas werden. Vor gut zehn Jahren, als sie begann ihre Ideen in die Tat umzusetzen, wurde sie noch von manchen belächelt. »Die bei VAUDE pflanzen schon wieder Blümchenwiesen«, spottete ein Wettbewerber aus den frühen Jahren.

Heute lacht keiner mehr. Im Gegenteil. Heute lesen wir Schlagzeilen wie: »Größter Hedgefonds der Welt fordert Klimaschutz«, »Bosch will komplett klimaneutral arbeiten« und »Weltwirtschaftsforum warnt vor Klimawandel«. Eine doppelte Erkenntnis setzt sich in den Führungsetagen durch: Wir können nicht einfach weitermachen wie bisher. Und nur mit klimafreundlichen Produkten und Dienstleistungen werden wir auf den Märkten der Zukunft bestehen.

Was andere jetzt angehen, hat Antje von Dewitz vor einem Jahrzehnt schon auf den Weg gebracht. Denn sie wollte mehr bewegen als nur Quartalszahlen. Damit entspricht sie einem klassischen baden-württembergischen Unternehmerideal. Einer Führungspersönlichkeit, die über das Firmengelände hinausschaut. Die Verantwortung für die Gesellschaft übernimmt und nicht nur dem Unternehmen, sondern auch dem Gemeinwohl dient.

Solche Menschen, die Mut machen und kraftvoll anpacken, brauchen wir heute dringender denn je. Denn wir leben in unruhigen Zeiten. Fundamentale Umbrüche prasseln auf uns herein: vom Klimawandel und der digitalen Revolution über die Globalisierung bis zur weltweiten Migration. Das alles spielt sich gleichzeitig und mit rasantem Tempo ab. Unsere Welt wird immer schneller, vernetzter und komplexer. Das beschäftigt uns alle: Politik, Wirtschaft, Wissenschaft, Arbeitnehmer und Bürgergesellschaft. Die Herausforderungen verlangen übergreifendes Denken und gemeinsame Antworten. Alleine werden wir keines der Probleme in den Griff bekommen. Jeder muss Teil der Lösung werden.

Das wird nirgendwo so deutlich wie beim Klimaschutz. Der Klimawandel macht eben nicht an irgendeiner Grenze halt. Kein Ort unseres Planeten bleibt vom Klimawandel verschont – egal ob arm oder reich, groß oder klein, entwickelt oder nicht. Der Kampf gegen die globale Erhitzung ist deshalb die Menschheitsfrage des 21. Jahrhunderts. Er entscheidet darüber, ob unser Planet ein lebenswerter Ort bleibt oder nicht. Die Folgen der Klimakrise sind schon heute für uns alle sichtbar. Wir müssen sie nur sehen wollen. Wir erleben gerade das größte globale Artensterben seit dem Ende der Dinosaurier. Extreme Wetterereignisse nehmen zu. Ganze Regionen drohen unbewohnbar zu werden. Schon heute zwingt der Klimawandel mehr Menschen zur Flucht als alle Kriege zusammen.

Wir können die Erderwärmung aber nur stoppen, wenn wir anders wirtschaften als bisher. Ein solches Umschalten ist aber nicht nur ökologisch notwendig, sondern auch ökonomisch sinnvoll. Denn Nachhaltigkeit und Klimaschutz werden immer mehr zu einem wichtigen Geschäftsmodell. Nur wer Ökologie und Ökonomie verbindet, wird im Wettbewerb um die Märkte von morgen vorne mitspielen können. Deutschland und Baden-Württemberg kommt bei der Transformation eine Schlüsselrolle zu. Als weltweit führender Industriestandort müssen wir zeigen: Man kann auch gut leben und wirtschaftlich erfolgreich sein, wenn wir wirtschaftliche Entwicklung von Naturverbrauch entkoppeln. Wir müssen ein Modell klimaverträglichen Wohlstands liefern, an dem sich andere orientieren, weil sie sehen, dass es funktioniert.

Antje von Dewitz hat längst bewiesen, dass sich mit grünen Ideen schwarze Zahlen schreiben lassen. Aber sie übernimmt auch darüber hinaus Verantwortung für unsere Gesellschaft. Ich denke etwa an ihren Einsatz bei der Integration von Geflüchteten. In der Flüchtlingskrise 2015 hat von Dewitz nicht lange gezögert, sondern angepackt und über ein Dutzend Flüchtlinge als Arbeitskräfte eingestellt.

Antje von Dewitz' Buch ist eine Anleitung, wie man mit Weitsicht, Leidenschaft und Tatendrang Veränderungen erfolgreich gestaltet, wie man Mitarbeiter begeistert und Kunden überzeugt. Es ist eine Geschichte, die Mut macht und Zuversicht gibt.

PROLOG: DIE ZUKUNFT GEHÖRT DEN MUTIGEN

Jemand klopft mir auf den Rücken, meine Schwester Martina flüstert: »Los, zeig's ihnen!«, und schenkt mir ein zuversichtliches Lächeln. Meine Kollegen und Kolleginnen vom Nebentisch beginnen rhythmisch zu klatschen und etwas wie »Go VAUDE!« zu rufen. Diese Auszeichnung würde so viel für uns bedeuten. Es würde so guttun, nach innen wie außen zeigen zu können, dass unser Weg höchste Anerkennung findet.

Ich bahne mir meinen Weg zwischen den anderen Tischen nach vorne, erhalte ein Kopfnicken von unserem Ex-Außenminister Genscher und erhasche ein aufmunterndes Lächeln der schwedischen Königin Sylvia, deren Tisch direkt vor der Bühne platziert ist. Auf der Bühne stehe ich aufs Äußerste gespannt neben den beiden Vertreterinnen der anderen nominierten Unternehmen. Eine Menge Scheinwerfer sind auf uns gerichtet, sodass es schwer ist, im Raum etwas zu erkennen. Doch das ist auch gar nicht nötig, denn noch immer ertönen die anfeuernden Rufe von unseren Tischen und weisen mir die Blickrichtung: Gut zwanzig Kollegen und Kolleginnen, die in den vergangenen Jahren hart an der Umsetzung unserer Vision gearbeitet hatten, sind mitgereist und fiebern mit.

Sven Hannawald öffnet den Umschlag: »… and the winner is: VAUDE!« Ich reiße meine Arme hoch und gehe vor Freude, Erleichterung und Glück in die Knie. Von unseren Tischen ertönt lauter und nicht endend wollender Jubel. Alle liegen sich in den Armen. Ob Jan, der als Geschäftsleiter für Vertrieb und Nachhaltigkeit mit seiner ganzen Persönlichkeit, seiner Kompetenz und seinem Engagement für die funktionierende Umsetzung unserer Vision stand. Oder Hilke, unsere Nachhaltigkeitsverantwortliche, die uns unermüdlich mit großer Energie und Leidenschaft vorantrieb und dafür sorgte, dass wir uns immer neue Ziele setzten. Und Erwin, unser Geschäftsleiter für Finanzen, der sich nicht nur zu einem engagierten Kämpfer für grüne Finanzierungskonzepte entwickelt hatte, sondern gerade auch den gesamten visionären Umbau unseres Gebäudes gestemmt hatte. Oder Bettina, die mit großer Kompetenz und zäher Energie unser Qualitäts- und Chemikalienmanagement aufbaute und uns gegen alle Widerstände den Weg zur Schadstofffreiheit bereitete sowie viele engagierte VAUDEler aus der Produktentwicklung, die immer wieder aufs Neue den größten Anteil an Veränderungen, neuen Aufgaben, Rückschlägen und Zielkonflikten durch unseren nachhaltigen Weg zu stemmen hatten. Auch mein Vater Albrecht, der Gründer von VAUDE, und meine beiden Schwestern waren dabei, was dem Abend für mich noch größere Bedeutung verlieh. Alle drei begleiten auch als Gesellschafter des Unternehmens unseren gemeinsamen Weg.

Ich war stolz, hier im Namen von uns allen auf der Bühne stehen zu dürfen und freute mich riesig, dass wir an diesem Abend unseren gemeinsamen Erfolg feiern konnten! Was folgte, war eine der besten Nächte meines Lebens. Gemeinsam rockten wir bis weit in die Morgenstunden die Tanzfläche. Wir alle tanzten in wilden Verrenkungen mit »unserer Kugel«, dem kugelförmig gestalteten Deutschen Nachhaltigkeitspreis. Wir steckten alle mit unserer ausgelassenen Partystimmung an. Unsere Freude war riesengroß: Wir hatten es geschafft! Wir waren Deutschlands nachhaltigste Marke 2015.

Wenn ich darüber nachdenke, was wir durch unser Wirtschaften und unser Konsumverhalten unseren Mitmenschen, allen Lebewesen dieser Erde und unserem Planeten antun, dann belastet mich das sehr. Durch unser tägliches und häufig schlicht unbedachtes Handeln unterstützen wir, dass Menschen ausgebeutet und Natur vernichtet wird. Oft ist es einfach bequem, wider besseres Wissen. Häufig wollen wir auch gar nicht so genau wissen, was unser Handeln bewirkt. Egal welchen Motiven diese Haltung entspringt – für mich fühlt sich das so an, als ob viel zu viele Menschen und auch zu viele Unternehmensverantwortliche einfach wegschauen. Das ist einerseits menschlich, denn es tut sich oftmals ein Abgrund auf, wenn man sich zum Beispiel damit beschäftigt, welche radikalen Folgewirkungen der Anbau der Kakaobohnen der Lieblingsschokolade hat, unter welchen menschenunwürdigen Bedingungen die eigene Bekleidung produziert wird oder wie die Rohstoffe für unsere Smartphones abgebaut werden. Es tut weh, genauer hinzuschauen und sich damit auseinanderzusetzen und es hinterlässt meistens ein Gefühl der Hilflosigkeit. Das geht mir nicht anders. Andererseits fühle ich mich, nicht zuletzt seit ich Kinder habe, dazu verpflichtet, genauer hinzuschauen und mein Handeln zu hinterfragen. Ich spüre die Verantwortung, meinen Teil dazu beizutragen, dass sie eine lebenswerte Zukunft haben. Wenn mich meine Kinder eines Tages fragen: »Mama, was hast du getan, um das zu verhindern?«, dann möchte ich ihnen in die Augen schauen und sagen können, dass ich mich wirklich bemüht habe.

Wäre es nicht großartig, wenn wir einfach davon ausgehen könnten, dass die Produkte unserer Wahl ökologisch und fair hergestellt wurden? Wenn Marken ihre Kunden zum nachhaltigen und bewussten Konsum anregen, statt sie mit Tiefstpreisen zum Mehrkauf zu verlocken? Wenn Unternehmen sich für ihr gesamtes Handeln, auch in fernen Lieferketten, verantwortlich zeigen und sich mit großer Selbstverständlichkeit für das Wohl von Mensch und Natur einsetzen? Ich bin der Meinung, das muss keine unerreichbare Vision bleiben. Ich möchte durch mein Tun und meine tägliche Arbeit dazu beitragen, diese lebenswerte Zukunft mitzugestalten. Dass ich gemeinsam mit einem großartigen und engagierten Team in zweiter Generation VAUDE leiten darf ist für mich ein unglaubliches Glück und ein großes Privileg. Auch wir sind als Wirtschaftsunternehmen ein Teil vieler Probleme und machen nicht alles perfekt. Aber wir bemühen uns seit vielen Jahren intensiv darum, genauer hinzuschauen und Teil der Lösung zu sein. Das gelingt uns immer besser und wir sind damit allen Unkenrufen zum Trotz wirtschaftlich erfolgreich. Das gibt mir Kraft und Hoffnung und macht mir immer wieder aufs Neue Mut.

VON PIONIEREN MUT LERNEN

Mein Vater ist VD. Er hat das Unternehmen gegründet und ihm seinen Namen gegeben. VAUDE ist abgeleitet von den Initialen unseres Nachnamens »von Dewitz« – ganz einfach lautsprachlich hintereinander gesetzt als »Vau« und »De«. Die Initialen wurden zu seinem Spitznamen, und er benutzte sie auf offiziellen Schriftstücken, lange bevor er 1974 sein eigenes Unternehmen gründete, sich mit meiner Mutter im Hinterland des Bodensees niederließ und sein Kürzel kurzerhand zum Unternehmensnamen machte. Weder er noch meine Mutter stammen ursprünglich von hier. Es erstaunt also nicht, dass verblüffte Besucher und Besucherinnen, die den oft langen und, je nach Wahl der Verkehrsmittel, komplizierten Weg auf sich nehmen, um zu uns in den tiefen Süden Oberschwabens zu gelangen, häufig fragen: »Wie kommt es eigentlich, dass Ihr Firmensitz ausgerechnet hier liegt?«

Schön finden es eigentlich alle bei uns. Unser Betriebsgelände liegt idyllisch eingebettet zwischen sanften Hügeln, grünen Nadelwäldern und den kleinen Dörfern Unter- und Obereisenbach, zehn Kilometer vom Bodensee entfernt. Der Blick aus unseren Fenstern zeigt, je nach Etage und Blickrichtung, wahlweise die Dorfkirche, Kühe, Wiesen, Hopfenfelder oder in der Ferne sogar die Alpen. Die ländliche Lage abseits großer Verkehrsknotenpunkte oder Industriezentren lässt bereits erahnen, dass VAUDE nicht aufgrund der optimalen Infrastruktur hier gegründet wurde.

17

Meine unternehmungslustige Mutter, die aus Bremen kommt, hatte ihre Sommerferien seit ihrer Jugend damit verbracht, allein mit einer Freundin auf dem Fahrrad quer durch die Republik zu reisen. Vom Bodensee war sie auf Anhieb begeistert: »Das ist ja, als ob man ständig Urlaub hat.« Auch mein Vater, der seine Kindheit größtenteils in Celle verbracht hatte, lernte diese Gegend bei Verwandtschaftsbesuchen in der Nähe kennen und konnte den Wunsch meiner Mutter nachvollziehen, sich in dieser wunderschönen Gegend niederzulassen.

Die beiden haben früh geheiratet: Mein Vater studierte in Wilhelmshaven an der Nordsee Betriebswirtschaft, meine Mutter verdiente als Chemotechnikerin das Geld. Mein Vater besserte die Haushaltskasse auf, indem er alte Autos restaurierte und verkaufte. 1968 kam meine Schwester Martina noch im Norden auf die Welt. Nach erfolgreichem Abschluss seines Studiums zog meine Familie dann in den Süden: Mein Vater entschied sich für eine Stelle bei einem Sportartikelhersteller in Balingen. Nicht nur die Sportbranche hatte es meinem Vater angetan, sondern auch die Aufgabe als Exportleiter, die seiner ausgeprägten Leidenschaft fürs Reisen sehr entgegenkam. So zogen meine Eltern mit meiner Schwester 1969 von der Nordsee auf die Schwäbische Alb, drei Jahre später wurde ich dort geboren.

Wenig später ergab sich für meinen Vater der nächste Schritt: Ihm wurde die Stelle als Geschäftsführer einer neu gegründeten Skimarke am Bodensee angeboten. Ein Systemproduzent für Haushaltsgeräte mit ausgeprägter Kunststoffexpertise im oberschwäbischen Neukirch wollte Skier nach neuester Technologie in den Sportmarkt einführen. Damit das als marktfremdem Unternehmen gelang, hatte man zu sehr günstigen Konditionen ein weiteres Unternehmen aufgekauft: die Firma Rosskopf aus Immenstadt im Allgäu, die älteste Skifabrik Deutschlands. Schnell stellte sich jedoch heraus, dass das Unternehmen vor dem Ruin stand. Statt also moderne Skier in den Markt einzuführen, bestand die erste Aufgabe meines Vaters darin, das Unternehmen Rosskopf abzuwickeln, für ihn das komplette Gegenteil dessen, was ihm eigentlich Freude macht, wie er mir später erzählte: »Es macht Spaß, etwas zu gründen und in Gang zu bringen, aber etwas zu beenden ist einfach nur schrecklich.« Während dieser schwierigen Monate wurde ihm klar, dass er zwar nicht an den Erfolg der Skier seines neuen Arbeitgebers glaubte, der Bergsport in seinen Augen jedoch etwas war, das die Menschen begeistern würde. Er erzählte einmal, dass er davon überzeugt gewesen sei, dass der klassische Italien-Strandurlaub in den Siebzigerjahren längst nicht mehr zum neuen Lebensgefühl passte, weil die Menschen in die Natur wollten, in die Berge. Er folgerte, dass es das Richtige sei, Rucksäcke zu produzieren, die sowohl für die Wanderung im Taunus als auch für Himalaja-Expeditionen geeignet wären. Hochwertige Ausrüstung für Menschen, die in der Natur aktiv sein wollten.

Ich bin immer noch beeindruckt, welche Weitsicht er mit dieser Einschätzung bewies, denn »Outdoor« gab es damals weder als Begriff noch als den breiten, attraktiven Markt, der uns heute ganz selbstverständlich erscheint und es als Lifestyle sogar in die Fußgängerzonen unserer Innenstädte geschafft hat. Stattdessen wurde Bergsport überwiegend von Männern ausgeübt: Lederhosen, dicke Wanderstiefel aus Leder und rote Socken prägten damals das Bild. Entsprechend groß war die Skepsis der Gesellschafter des Unternehmens, als er sie davon überzeugen wollte, sich anstelle der Skier auf die Herstellung von Rucksäcken zu konzentrieren: »Vergessen sie es! Mit den paar Produkten, die Bergsteiger brauchen, können wir keine Umsätze machen. Wir bleiben bei unseren Skiern!«

Einwände waren jedoch noch nie etwas, das meinen Vater davon abgehalten hätte, eine einmal lieb gewonnene Idee zu verwirklichen. Im Gegenteil, Widerstand spornt ihn erst recht an: »Geht nicht, gibt's nicht!« So erstaunt es im Nachhinein nicht, dass er die Idee schließlich einfach selbst umsetzte. »Es war ja auch schon immer mein Traum, mich irgendwann selbstständig zu machen!«, kommentierte er im Nachhinein diesen Schritt. Er kündigte kurzerhand seinen Job, stellte Kontakt zu den Firmen Stubai und Edelweiss her, um deren Bergsportprodukte wie Seile, Karabiner und Eispickel in Deutschland zu vertreiben, und sah sich nach geeigneten Produktionsmöglichkeiten für die geplanten Rucksäcke um. Damit war der Grundstein für das Unternehmen gelegt und meine Mutter kreierte als erstes Logo ein Kleeblatt, das der Firmengründung Glück bringen sollte. Gründungskapital für das neue Unternehmen war so gut wie nicht vorhanden. Mein Vater hatte eine kleine Abfindung bei seinem ehemaligen Arbeitgeber ausgehandelt und konnte einen überschaubaren Kredit auf seinen Anteil am Haus seiner Mutter aufnehmen. Ich staune immer noch, mit wie viel Risikofreude meine Eltern sich auf dieses Abenteuer einließen und mit wie viel Willensstärke mein Vater aus dieser bescheidenen Ausgangssituation ein erfolgreiches Unternehmen gründete. Meine Mutter meinte dazu im Rückblick: »Ich war immer schon risikofreudig und habe deinem Vater voll vertraut. Und wir hatten ja auch nicht viel zu verlieren.«

Schon von Gründung an beschäftigte mein Vater auf geringer Teilzeitbasis einen Buchhalter. Ein Jahr später folgten die Sekretärin Edith, die meine kleine Schwester Kerstin immer mit Keksen fütterte, und unser Nachbar Klaus, der von Anfang an immer wieder ausgeholfen hatte und nun als Mann für alles fungierte, bald darauf mein Onkel Hubertus. Aus dieser familiären und freundschaftlichen Gründungsphase resultiert nicht zuletzt, dass sich bei VAUDE alle duzen. Dieses sehr persönliche und direkte Miteinander prägt unser Unternehmen bis heute.

Als Büro des frisch gegründeten Unternehmens wurde das Schlafzimmer meiner Eltern in unserer Wohnung in Untereisenbach umfunktioniert. Das war der einzige Raum, der mit einer Extratür vom Rest der Fünfzimmerwohnung abgegrenzt war und damit eine gewisse Besuchertauglichkeit aufwies. Die anderen Räume bestanden aus unserem Kinderzimmer, dem Esszimmer, Wohnzimmer, der Küche und einem weiteren kleinen Räumchen, das meine Eltern fortan als Schlafzimmer nutzten. Als eine Art Basislager diente die Hopfendarre unseres Vermieters, des Hopfenbauers Paul Martin. In diesem über eine Treppe zu erreichenden Raum in der Scheune nebenan wurden hauptsächlich die Produkte gelagert und versandfertig gemacht. Ein paar Wochen im Jahr musste die Ware allerdings immer ausgelagert werden: wenn die Ernte kam und der Hopfen dort gelagert und getrocknet wurde. Der Raum diente aber auch als Kinderspielplatz, als einfache Produktionsstätte und Partyraum, denn ein Grund zum Feiern fand sich eigentlich immer.

Rund um diese ungewöhnliche Raumsituation der Gründungsjahre ranken sich viele lustige Anekdoten. So war im Büro aus Platzmangel nicht nur Fritzchen, unser Meerschweinchen, untergebracht, sondern auch der nach wie vor eingebaute Kleiderschrank meiner Eltern. Damit wenigstens jener nicht so auffiel, beklebten sie ihn mit großen Bergbildern und achteten streng darauf, dass die Schranktüren bei Kundenbesuchen geschlossen blieben.

Wollten Kunden nach dem Besuch im Büro noch das Lager sehen, gab es eine einstudierte Vorgehensweise. Oberstes Gebot war es, beim Kunden einen möglichst professionellen und geschäftigen Eindruck zu hinterlassen. Per Funkverbindung in die Hopfendarre wurde also, sofern unsere Mitarbeitenden im Lager tätig waren, unauffällig gecheckt, ob diese anwesend waren, und angekündigt, dass gleich Besuch nahte. War keiner vor Ort, dann wurde der Gast von meinem Vater möglichst langsam über den Hof zur Scheune geführt, während meine Mutter sich einen Arbeitsmantel überzog, über den Terrassenausgang die Abkürzung zur Scheune nahm und dort sehr geschäftig die Logistikmitarbeiterin mimte. Bei einem dieser Kundenbesuche im Winter 1976 packten Klaus und Hubertus Pakete im Lager. Die beiden hatten allerdings den Buller-Ofen der Hopfendarre nicht nur dazu genutzt, die kalte Scheune zu erwärmen, sondern auch, um Glühwein zu kochen. Als mein Vater mit dem Kunden die kleine Treppe hochkam, präsentierten sich ihnen nicht wie erwartet fleißig packende Logistikmitarbeiter, sondern zwei im Glühweinrausch selig schlafende Männer auf dem Packtisch.

So gut wie alles wurde in diesen Anfangsjahren in Eigenregie gestaltet, mit viel Kreativität und einer guten Portion Pragmatismus. Als beispielsweise ein Katalog benötigt wurde, um die Produkte zu präsentieren, fanden die Fotoshootings dazu meist nachts in unserem Wohnzimmer statt; als Models hielten Nachbarn, Freunde und Familie her, auch mein Vater selbst posierte für die benötigten Werbebilder. Bier floss bei solchen Gelegenheiten reichlich, alle hatten bei diesen Nachtaktionen großen Spaß. Die Erinnerungen an diese Zeit sind ebenso legendär wie die daraus resultierenden Fotos.

Auch der erste Messestand, mit dem unsere Produkte auf der spoga in Köln präsentiert wurden, war selbst gebaut, aus alten Holzdielen und einer Art Baum mit Ästen, an dem die Rucksäcke hängen sollten. Die Fahrt machten meine Eltern mit einem alten Lkw, der zwar professionell in den gelb-grünen Firmenfarben samt Logo angemalt war, aber so langsam fuhr, dass sie für die Fahrt vom Bodensee nach Köln zwei Tage benötigten. An einer Tankstelle wurde meine Mutter nach einem skeptischen Blick auf die Ladung des Lkws gefragt: »Na Frollein, handeln Sie mit Antiquitäten?« Als sie endlich in Köln ankamen, war kaum noch Zeit für den Aufbau und sie benötigten die gesamte Nacht, um gerade rechtzeitig zu Messebeginn fertig zu werden.

Neben der Suche nach besseren Produzenten, der Weiterentwicklung der Rucksäcke, der Gestaltung von Katalogen, dem Ausstellen auf internationalen Messen und vielem anderen mehr bestand der Hauptjob meines Vaters in den ersten Jahren vor allem darin, als Vertreter unermüdlich die Händler in Deutschland abzuklappern und seine Produkte anzubieten. In der Zwischenzeit und neben der Betreuung der erst zwei, später drei Töchter packte meine Mutter die Pakete, fuhr sie nachmittags mit ihrer Ente zum Postamt in Tettnang und schrieb die Rechnungen.

Mein Vater nutzte jeden Freiraum, um sich auf die Erweiterung der Produktpalette und die technische Weiterentwicklung der einzelnen Produkte zu konzentrieren. Ende der Siebzigerjahre konnten die ersten weltweiten Patente für die extrem leichten Tragegestell-Rucksäcke angemeldet werden, die dann auch gleich international Auszeichnungen erhielten. Daneben wurden Schlafsäcke, Zelte und die erste Funktionsbekleidung Teil des VAUDE-Produktsortiments. Um die optimalen Produktions- und Einkaufsmöglichkeiten für diese

Produkte zu finden, reiste mein Vater rund um die Welt, tauschte Erfahrungen mit Bergsteigern aus und regte Hersteller zur Produktion neuer, besserer Artikel an. Wieder einmal bewies er Pioniergeist, indem er dazu nicht nur enge Kooperationen mit Herstellern aus Korea oder Japan einging, sondern Ende der Achtzigerjahre als einer der ersten Europäer ein eigenes Produktionsbüro in Vietnam und wenig später eine eigene Produktion in China eröffnete. Die Geschichten, die mein Vater aus dieser Zeit erzählt, sind so spannend, dass sie ein eigenes Buch füllen könnten: »Ich war meist die erste Langnase, der die Menschen in China begegnet waren. Überall wo ich mich hinbewegte, bildeten sich lange Schlangen und Grüppchen von Menschen, die mich anstarrten und mich berühren wollten.« Bis dahin waren eigene unternehmerische Tätigkeiten von Ausländern in dem kommunistischen Land nicht möglich gewesen; es gab nur Staatsunternehmen. Mithilfe der guten Kontakte, die mein Vater sich über Jahre in China aufgebaut hatte, nutzte er die rechtlichen Möglichkeiten und gründete gemeinsam mit chinesischen Geschäftspartnern eine Produktionsstätte, in der 25 Jahre lang unsere Rucksäcke produziert werden sollten.

In den Anfangsjahren in Untereisenbach war diese Entwicklung in Asien allerdings noch Zukunftsmusik. Dort war Ende der Siebzigerjahre erst einmal eine räumliche Veränderung angesagt. Mit zehn Kollegen und Kolleginnen und bereits fünf Millionen DM Umsatz kam unser Untereisenbacher Standort mit Lager, Versandplatz und Büro an seine Grenzen. Unsere erste Auszubildende bei VAUDE, die noch heute bei uns beschäftigt ist, erzählte schmunzelnd: »Ich besaß nur dann einen eigenen Arbeitsplatz, wenn die anderen im Außendienst unterwegs waren. Sonst musste ich mich ans Telefax setzen und das als Schreibtisch nutzen.«

24

Die Firma wuchs und gedieh, und mein Vater suchte nach einem passenden Grundstück, um ein Büro, ein Lager und eine eigene Manufaktur für die Rucksäcke zu bauen. Er hatte ein Gelände im Sinn, auf dem Expansion möglich war. Dabei hatte er die Wiesen des Nachbardörfchens Obereisenbach ins Visier genommen und war damit auf verständlichen Widerstand des Bürgermeisters gestoßen. Dieser bot ihm stattdessen im städtischen Gewerbegebiet ein Grundstück an, rund tausend Quadratmeter. Für die nächsten Jahre wäre das okay gewesen, aber mein Vater hatte bereits ein stärkeres zukünftiges Wachstum im Blick, seine Devise: »Ein Gründer, der nicht expandieren will, ist kein Gründer!« Er ließ nicht locker, suchte immer wieder das Gespräch mit dem Bürgermeister (»Ich nervte ihn ganz schön!«, meinte mein Vater später dazu), dessen Stellvertreter, dem zuständigen Bauamt und später auch mit Mitgliedern des Gemeinderats und schaffte es tatsächlich, sie davon zu überzeugen, von der bisherigen Baupolitik abzuweichen. Man bewilligte den Kauf des Grundstücks in Tettnang-Obereisenbach und erteilte einige Monate später auch die entsprechende Baugenehmigung. 1979 zog VAUDE in die neuen Räumlichkeiten um, in die auch die erste eigene Produktion Einzug erhielt.

Für mich ist das ein weiteres Beispiel für den Weitblick meines Vaters, gepaart mit seiner Hartnäckigkeit und Leidenschaft, Widerstände zu überwinden. So ist das Gelände heute noch unser Firmensitz. Neben den Gebäuden für die Verwaltung und für den weltweiten Versand unserer Produkte und unserer eigenen Manufaktur gibt es hier mittlerweile eine Reparaturwerkstatt, ein Kinderhaus, eine öffentlich zugängliche Biokantine, eine Kletterwand und vieles mehr. In einem Industriepark mit limitiertem Raum wäre diese räumliche Entwicklung tatsächlich nie möglich gewesen. Wir hätten mehrmals umziehen müssen. Dank seines Einsatzes ist Obereisenbach seit vielen Jahrzehnten zu einer echten, identitätsstiftenden Heimat für das Unternehmen und seine inzwischen 500 Mitarbeiter und Mitarbeiterinnen geworden.

Für diejenigen, die versuchten, sich der großen Energie meines Vaters in den Weg zu stellen, war das sicher nicht immer leicht. Doch Tatsache ist, dass es ohne seinen außergewöhnlichen Pioniergeist VAUDE heute nicht in dieser Form geben würde. Er hat das Unternehmen nicht nur gegründet, aufgebaut und 35 Jahre lang erfolgreich geführt, sondern auch die entscheidenden Grundlagen für die erfolgreiche Zukunft gelegt. Ich habe als Unternehmerin von ihm gelernt, Gegebenes infrage zu stellen, für meine Überzeugungen einzutreten und den Mut aufzubringen, manchmal scheinbar Unmögliches zu wagen.

MEIN WEG ZU VAUDE

Als Kind wollte ich unbedingt in die Gegend von Celle ziehen, wenn ich mal groß wäre. Dort lebt die Verwandtschaft meines Vaters noch heute, und ich stellte mir vor, dass sich da ein wirkliches Gefühl von Heimat einstellen würde. Das war, bevor ich realisierte, dass ich gar kein richtiges Norddeutsch spreche, sondern dass ich, sobald ich ein wenig nördlicher unterwegs bin, durch meinen Zungenschlag gleich als Südlicht identifiziert werde. Wo war dann meine Heimat? Und wo sollte zukünftig mein Platz sein? Vieles, was mich heute antreibt, hat mich schon in meiner Kindheit geprägt und kristallisierte sich während der Schulzeit, meines Studiums und zahlreicher Praktika immer deutlicher heraus, bis ich schließlich ganz genau wusste, wo ich eigentlich schon immer hingehörte.

Meine Kindheit im oberschwäbischen Obereisenbach war harmonisch und schön, und ein bisschen ungewöhnlich. Denn meine Familie und ich waren in dieser ländlich und landwirtschaftlich geprägten Gegend und in unserem Dorf eher Exoten: Wir sind zugezogen und (im Gegensatz zur eher katholisch geprägten Region) evangelisch, sprechen hochdeutsch statt schwäbisch und trugen dazu zumindest gefühlt als einzige in der Gegend einen adeligen Namen – von Dewitz verweist auf ein Adelsgeschlecht aus Pommern.

Wir waren die »Neigschmeckten«, schwäbisch für »die sind nicht von hier«, und wurden mit meist freundlicher

27

Skepsis von unserem Umfeld betrachtet. Ich konnte trotz meines gewissermaßen norddeutschen Migrationshintergrunds als gut integriert gelten: Ich hatte Freundinnen, spielte Handball und später auch Tennis im Verein und wurde sogar immer wieder zur Klassensprecherin gewählt. Dennoch fühlte ich mich nicht richtig dazugehörig. Mein schnelles, norddeutsch geprägtes Sprechen kam mir wie ein Stakkato in dem weichen, lautmalerischen Schwäbisch meiner Freunde und Bekannten vor. Dazu kam, dass meine Schwestern und ich die einzigen »Unternehmerkinder« im Dorf waren. Die Geschäftstätigkeiten meines Vaters bei VAUDE wurden, zumindest von meinem kindlichen Umfeld in der Schule, eher kritisch beäugt – große Bewunderungsstürme blieben in meiner Wahrnehmung aus. Ob er wohl die Menschen ausbeutete in fernen Ländern, um hier sein Unternehmen erfolgreich zu machen? Gebe es bei VAUDE eigentlich Kinderarbeit? Ich erinnere mich daran, wie ich einmal in der Grundschule sogar von einem Jungen verprügelt wurde, weil er mir vorgeworfen hatte, mein Vater sei bestimmt ein Ausbeuter und ich würde mich für etwas Besseres halten. Ich hatte damals das Gefühl, mich rechtfertigen zu müssen, wenn ich vom Beruf meines Vaters erzählte. Rückblickend können es gar nicht so viele Spitzen und Vorurteile gewesen sein, mit denen ich konfrontiert war, aber die wenigen Beispiele blieben dafür umso stärker bei mir haften und beschäftigten mich. Ich ging als Kind einfach davon aus, dass diese Bemerkungen ein weiterverbreitetes Misstrauen gegenüber Unternehmen und Unternehmern widerspiegelten – und damit auch gegenüber VAUDE und meinem Vater.

Ich wuchs in dem Bewusstsein auf, dass sich Misstrauen nicht gut anfühlt und Vertrauen etwas Kostbares ist, das man nicht voraussetzen kann. Vielleicht konnte man es sich aber verdienen? Ich versuchte es mit Transparenz: Ich begann, das

Unternehmen zu erklären, bemühte mich, die Dinge transparent und verständlich zu machen, um die anderen mitzunehmen, statt sie in ihren Vorurteilen zu bestärken. Ich erzählte freimütig, wie viel Taschengeld meine Schwestern und ich bekamen, dass wir keine andere Kleidung trugen als alle anderen oder wie viel mein Vater als Unternehmer arbeitete.

Ich weiß nicht mehr, ob ich mit dieser Strategie als Kind erfolgreich war, doch die Erfahrungen und mein Umgang damit prägen mich bis heute. Es ist für mich keine Selbstverständlichkeit, dass mir als Unternehmerin oder VAUDE als Unternehmen vonseiten der Mitarbeiter, Kunden oder Gesellschaft Vertrauen geschenkt wird. Gleichzeitig ist mir das außerordentlich wichtig. Es schmerzt mich, wenn ich Misstrauen spüre. Es ist mir daher ein großes Anliegen, dass wir sowohl intern als auch extern größtmögliche Offenheit und Transparenz zeigen. Unsere Kollegen und Kolleginnen sollen unternehmerische Entscheidungen nachvollziehen und sich im Idealfall damit identifizieren können. Unsere Kunden sollen nicht nur unsere Produkte kennen, sondern darüber hinaus erfahren, was uns als Marke antreibt, wofür wir stehen und woran wir uns messen lassen.

Im Rückblick ist es vor allem auf den Einfluss zweier Frauen zurückzuführen, dass ich ein Bewusstsein für viele der globalen Herausforderungen entwickelte. Meine Mutter Inge war es, die mir und meinen Schwestern eine große Naturverbundenheit vorlebte. Sie liebte es, zu wandern, Rad zu fahren, in der Natur zu sein und engagierte sich schon früh in Tierschutz- und Umweltorganisationen. Religion spielte bei unserer Erziehung eigentlich keine Rolle, doch ist es letztlich im Grunde der Schöpfungsgedanke, den sie uns vermittelte: die Wunder und Großartigkeit der Natur in all ihren Ausprägungen wahrzunehmen, respektvoll mit ihr umzugehen und sie zu schützen und zu bewahren. Gleichzeitig war meine Mutter schon immer eine liberale Freidenkerin, die mit einer kritischen Distanz auf das Wirtschaftssystem und damit unweigerlich auch auf das eigene Unternehmen blickte. Das führte häufiger auch zu Diskussionen am Abendbrottisch: »Wachstum, Wachstum, Wachstum«, rief meine Mutter beispielsweise eines Abends. »Wo soll denn das eigentlich hinführen, wenn alle Unternehmen immer weiter wachsen?« Was mein Vater darauf antwortete, weiß ich nicht mehr. Ich finde jedoch nach wie vor erstaunlich, dass bei uns vor dreißig Jahren schon diskutiert wurde, was heute aus Nachhaltigkeitssicht Kern der Kritik an unserem herkömmlichen Wirtschaftssystem ist.

In den Achtzigerjahren, in denen ich das Gymnasium in Tettnang besuchte, nahm die deutsche Umweltbewegung an Bedeutung stetig zu. In dieser Zeit sorgten sich die Menschen um die sterbenden Wälder, die Grünen eroberten den Bundestag und Ökologie wurde zu einem geläufigen Begriff. In diese Zeit fällt auch der engagierte Unterricht meiner damaligen Erdkundelehrerin, Frau Wupperfeld-Wiedersich, die großen Eindruck auf mich machte. Sie führte uns die großen Umweltprobleme wie den drohenden Klimawandel oder das weltweite Artensterben vor Augen und erklärte uns, warum etwa Fleischverzehr, Regenwaldabholzung und CO_2-Ausstoß zusammenhängen und dass es einer ganzheitlichen Sicht der Dinge bedurfte. Sie verstand es, uns packend vor Augen zu führen, welch globale Auswirkungen Entscheidungen von Unternehmen und Konsumenten haben. Es erschreckte und berührte mich, Tiere und Umwelt auf unserem Planeten bedroht zu sehen. Zugleich stießen diese ganzheitlichen Zusammenhänge bei mir auf große Resonanz: Wenn alles mit allem zusammenhängt, dann kann man ja vielleicht auch etwas bewegen und verändern? Ab da wusste ich genau: Ich wollte einen Beitrag leisten, diese Welt lebenswert zu erhalten, und ich wollte später in meinen Beruf etwas Sinnstiftendes tun.

Seit ich denken kann, war meine Familie schon immer viel Rad fahren, zelten und wandern gewesen – wir waren auch immer wieder einmal die erste Testgruppe für neue Zelte oder Rucksäcke. Doch wie bereichernd es sein konnte, sich in der Natur zu bewegen und Sport zu treiben, fiel mir tatsächlich erst als Jugendliche in den USA richtig auf. Mit siebzehn verbrachte ich dort über eine Austauschorganisation ein Jahr. Mein Traum war es eigentlich gewesen, nun endlich einmal in einer Großstadt zu leben. Noch immer beschäftigte mich der Gedanke, wo denn mein Platz sei, und zu der Zeit ging ich davon aus, dass er definitiv in einer Großstadt sein würde. Raus aus dem ländlich und konservativ geprägten Oberschwaben. Als das Schreiben mit der zugeteilten Schule ins Haus flatterte, musste ich jedoch erst mal auf einer Landkarte suchen, wo die Stadt zu finden war: Chattanooga in Tennessee, mitten im konservativ und ländlich geprägten Süden der USA. Dafür aber wunderschön gelegen inmitten traumhafter Natur. Meine Schule, die Baylor School, lag direkt am nach wie vor naturbelassenen Chattooga River, umgeben von großen Wäldern. Besonderes Highlight war ein umfangreiches professionelles Outdoor-Programm mit eigenen Coaches, die es wirklich verstanden, Begeisterung für Outdoor-Sport zu entfachen, auch bei mir.

Den Anfang machten zwei Wochen Klettern in der Spring Break in der Wüste von El Paso. Eigentlich flogen die coolen Jugendlichen meiner Schule alle zum Feiern auf die Cancun Islands nach Mexiko und so fiel mir die Entscheidung für das alternativ angebotene Outdoor-Programm gar nicht so leicht. Doch es wurden zwei der besten Wochen meines Lebens: die Schönheit und Weite der Natur, zelten inmitten der Wildnis, der unglaubliche Sternenhimmel in der Nacht, die ganze Gruppe nachts Geschichten erzählend um das gemeinsame Lagerfeuer, um der Kälte der nächtlichen Wüste zu begegnen (einmal schneite es sogar). Und dann dieser unglaublich schöne, warme rote Stein, der es sowohl einer Anfängerin wie mir leicht machte, klettern zu lernen, als auch Profis anspruchsvolle Routen bot. Ab diesem Zeitpunkt verbrachte ich so viel Zeit wie möglich in der Natur und nahm mit, was ich konnte: klettern, bouldern, raften, Kanu fahren, »Überlebenstraining« in der Wildnis, alles, was das Outdoor-Programm der Schule hergab. Ich entdeckte, dass ich eine tief gehende Natur- und Outdoor-Leidenschaft besaß; dass ich mich erfüllt und eins mit mir selbst fühlte, wenn ich in der Natur unterwegs war. Mein Vater rüstete mich dazu aus der Ferne immer wieder mit den entsprechenden VAUDE-Produkten aus, die ich gerne trug und ausprobierte. Mir wurde bewusst, welch seltenes Glück ich hatte: eine direkte Verbindung zu einem Unternehmen mit Produkten für etwas, das ich lieben gelernt hatte. Seitdem sah ich mit einem ganz anderen Blick und neu entfachtem Interesse auf das Unternehmen, das mein Vater geschaffen hatte.

Als ich endlich das Abi in der Tasche hatte, stand mir gefühlt die Welt offen. Doch ich wusste ganz und gar nicht, was ich mit dieser neu gewonnenen Freiheit anfangen und welchen Weg ich einschlagen sollte: Wo konnte ich meine Fähigkeiten einsetzen, meine Leidenschaft einbringen? Wo konnte ich wirklich etwas bewegen? Das Unternehmen meines Vaters war in meinen Zukunftsgedanken schon lange präsent. Das passierte ganz automatisch und beiläufig. Nicht erst, seitdem ich meine Outdoor-Leidenschaft entdeckt hatte, und nicht weil mein Vater es thematisiert hätte, wie man vielleicht annehmen könnte, sondern weil ich von Freunden und Bekannten immer wieder mit dieser Frage konfrontiert worden war. Zudem war VAUDE für die ganze Familie ein Lebensmittelpunkt. Mir war zu diesem Zeitpunkt natürlich bewusst, wie viel Herzblut und Leidenschaft mein Vater in das Unternehmen steckte. Doch was es tatsächlich bedeutet, ein Unternehmen zu leiten, war mir damals nicht klar, hatte ich doch bisher eher oberflächliche Einblicke in die Firma gewonnen. Zudem kam für mich ein BWL-Studium nicht infrage. Das kam mir zu trocken, langweilig und auch zu wenig sinnstiftend vor. Ich konnte mich als Jugendliche so gar nicht mit diesen blutleeren Aktenkofferträgern identifizieren, die ich vor meinem geistigen Auge sah. Auch wollte ich keinem scheinbar vorherbestimmten Weg folgen und einfach so in die Fußstapfen meines Vaters treten.

Ich vertraute daher einer Empfehlung der Berufsberatung und schrieb mich in Passau für den interdisziplinären Studiengang Sprachen-, Wirtschafts- und Kulturraumstudien ein. Für mich stellte sich das als die genau richtige Entscheidung heraus, denn in Passau ging es zwar auch um Wirtschaft, aber gepaart mit Themen wie Kulturgeschichte, Politik und Sprachen – der ganzheitliche Ansatz überzeugte mich. Mir gefiel der Gedanke, ein Studium mit einer so breiten Ausrichtung zu beginnen. Das ließ mir genügend Spielraum für meine Interessen, zwang mich nicht gleich in eine feste Richtung und hielt mir dennoch die Option für eine Perspektive bei VAUDE offen.

Um sicherzugehen, dass ich meinen eigenen Weg und meinen Platz auch wirklich finden würde, beschloss ich, die Studienzeit dafür zu nutzen, möglichst vieles auszuprobieren. In den Semesterferien suchte ich mir spannende Praktikumsstellen in Bereichen, in denen es mir möglich erschien, dort einen positiven Beitrag leisten zu können, etwa in Bonn beim Institut für Europäische Umweltpolitik. Dort wurde mir bewusst, dass Umweltstudien und deren Ergebnisse enorm wichtig sind, um Veränderungen voranzutreiben, ich persönlich aber Menschen und Begegnungen brauche, um kreativ zu sein und mich zu motivieren. Ich arbeitete bei einer Frauenorganisation in Berlin und lernte dort das Konzept des Corporate Community Involvement kennen. Das bedeutet, dass sich Unternehmen mit seinen Mitarbeitenden in der Gemeinde vor Ort engagieren, um zu besseren Lebensbedingungen beizutragen. Diesen Gedanken fand ich so faszinierend, dass ich später meine Diplomarbeit über das gesellschaftliche Engagement von Unternehmen schrieb.

Ich absolvierte diverse Praktika bei Medien: Bei der *Süddeutschen Zeitung* schrieb ich unter anderem Reisereportagen, beim *NDR*, dem Norddeutschen Rundfunk in Hamburg, durfte ich die Abendnachrichten textlich mitgestalten. Ich merkte, dass ich eine Begeisterung für das Texten besaß, es mir als Beruf jedoch zu einseitig erschien. In jedem meiner vielen Praktika stieß ich auf Inhalte, die mir sehr gefielen, gleichzeitig sah ich mich schon wieder nach der nächsten Möglichkeit um, weitere Erfahrungen zu sammeln in der Hoffnung, dass sich irgendwann das Gefühl einstellen würde, dass ich angekommen sei.

1996 ging ich für ein halbes Jahr nach Afrika, genauer gesagt an die Elfenbeinküste. Die Hauptstadt Abidjan galt damals als das Paris Westafrikas – erneut hoffte ich auf Großstadterfahrung, als ich beim Goethe-Institut anheuerte. Doch wieder landete ich nicht in der von mir erträumten Metropole, sondern in dem kleinen Dorf Blockhoss am Rande der Stadt, das geprägt war von Blockhütten und einem Leben mit einfachsten Mitteln. Ich durfte dort Projekte unterstützen, die vom damaligen Direktor des Goethe-Instituts initiiert wurden und mich langfristig beeindruckt und geprägt haben. Eines davon ist mir besonders gut in Erinnerung geblieben: In Abidjan gab es eine kleine Künstlergemeinde, die in den Jahren zuvor vom japanischen Konsulat einen elektrischen Ofen zum Trocknen ihrer Tonprodukte gespendet bekommen hatte. Nach einmaliger Verwendung konnten sie den Strom für den Ofen nicht mehr bezahlen und er stand nutzlos herum und vergammelte. Das Goethe-Institut zog die Sache anders auf: Es suchte nach Experten, die mit den lokal vorhandenen, einfachsten Mitteln Öfen bauen konnten, und organisierte Workshops, um diese Kompetenz zum Selberbau und Betrieb weiterzuvermitteln. Ich fand diesen Ansatz, der den Menschen auf Augenhöhe begegnete und sie ermächtigte, selbst zu handeln, eindrucksvoll und inspirierend. Das kam dem, nach was ich suchte, schon sehr nah.

Ein Jahr später kam ich mit meinem heutigen Lebensgefährten Wolfgang zusammen. Er studierte zu dieser Zeit in Rosenheim, doch wir stammen beide vom Bodensee, kannten uns bereits seit vielen Jahren und waren uns dort in den Semesterferien wieder begegnet. So war es auch aus diesem Grund schön für mich, dass mich mein letztes achtmonatiges Praktikum kurz vor dem Abschluss meines Studiums doch noch nach Hause, zu VAUDE, führte. Viele VAUDEler kannte ich schon ganz gut von Festen oder Messen. Alle begegneten mir offen und freundlich, was mir den Einstieg als Unternehmerstochter leicht machte. Meine für ein Praktikum ungewöhnliche Aufgabe bestand darin, einen neuen Geschäftsbereich aufzubauen. Die »Packs 'n Bags« waren die Antwort von VAUDE auf die Eastpak-Rucksäcke, die bei Jugendlichen zur damaligen Zeit groß im Trend waren. Als innovativer Rucksackentwickler der ersten Stunde wollten wir diesen aufstrebenden Markt nicht einfach einer amerikanischen Marke überlassen. Die Packs 'n Bags waren die Idee unseres damaligen Marketingleiters Stefan gewesen, der für die Umsetzung jedoch nicht die nötige Zeit hatte. So bekam ich diese einmalige Chance.

Design, Produktentwicklung, Materialauswahl, Marketing, Disposition, selbst die Produktion in Asien, alles, was für die neuen Taschen benötigt wurde, durfte ich federführend umsetzen. Natürlich konnte ich dabei auf die kompetente Unterstützung der erfahrenen Kollegen und Kolleginnen aus allen Bereichen und auf die Infrastruktur von VAUDE zurückgreifen. Dennoch hatte ich sehr viel Gestaltungsspielraum. Die Packs 'n Bags sollten sich nämlich in Produkten und Marketing bewusst von dem bisherigen Markenauftritt und Erscheinungsbild absetzen, um eine junge Zielgruppe anzusprechen. Ich durfte mir also in allen Bereichen eigene Gedanken machen und diese auch umsetzen, was in mir eine große Motivation freisetzte. Ebenso blieb genug Raum für Fehler. Für meinen Vater war stets entscheidend, dass seine Mitarbeitenden mit Leidenschaft, Energie und Herzblut an die Arbeit gingen. Und so nahm er es auch mit einer guten Portion Humor, als sich einmal Hunderte Taschenmodelle im Lager stapelten, weil ich mit Markus, Auszubildender im zweiten Lehrjahr (und heute Vertriebsleiter in Deutschland), der damals für den Aufbau des Vertriebs der Packs 'n Bags beauftragt wurde, in unserem Elan viel zu hohe Stückzahlen bestellt hatte. Mein Vater war von unserer Aktion natürlich nicht begeistert, aber er ließ zu, dass etwas nicht auf Anhieb klappte. Für mich als unerfahrene Anfängerin war das eine perfekte Ausgangssituation: Ich hatte den Raum mich zu entfalten und auszuprobieren und fand die Vielfalt meiner Gestaltungsmöglichkeiten großartig.

In diesem Praktikum hatte ich eine Ahnung davon bekommen, wie groß die Gestaltungsspielräume eines Unternehmens wirklich sind: nicht nur im Hinblick auf das fertige Produkt, mit dem ich Leidenschaft beim Kunden entfachen kann, sondern ebenso in der Art und Weise, wie das Produkt hergestellt wird und wie gewirtschaftet wird. In der Wahl der Materialien, Herstellungsarten und Produktionsstätten. In der Art, wie ich mit den Menschen umgehe. Ich war angenehm überrascht von der Tatsache, dass im Mittelpunkt des unternehmerischen Handelns, das ich hier kennengelernt hatte, nicht trockenes Zahlenwerk, sondern die Produkte und immer auch die Menschen standen, ob als Mitarbeitende, als Lieferanten oder als Kunden. Mich faszinierte, welch große Auswirkungen unternehmerisches Handeln hat: ob auf die Arbeitsplätze am Standort, wo Mitarbeitende einen Großteil ihres Lebens verbringen, oder auf die Arbeitsbedingungen in Produktionsstätten weltweit.

Ich hatte mich in meinem Praktikum als Gestaltungsmensch kennengelernt und festgestellt, dass es bei VAUDE große und viele Hebel gab, um etwas zu bewegen. Das Gefühl wurde dadurch bestärkt, dass ich viele Kollegen und Kolleginnen, wie zum Beispiel unseren Marketingleiter Stefan, besser kennenlernte, in denen »grünes Blut« pulsierte. Das war im Grunde natürlich nicht erstaunlich: Viele VAUDEler sind echte Outdoor-Fans und Bergsportler, und wer viel draußen in der Natur ist, der weiß, was es zu bewahren gilt. Ich stellte fest, dass sich VAUDE mit einer großen Selbstverständlichkeit mit der Frage auseinandersetzte, welche Auswirkungen das Unternehmen und die Produkte auf die Natur hatten und wie man dafür Verantwortung übernehmen konnte: ob durch Sensibilisierung der Kunden durch kritische Editorials im VAUDE-Katalog, durch Recyclingkonzepte oder strenge Textilstandards. Ich bekam eine Ahnung davon, wie befriedigend es sein musste, wenn man gemeinsam für die eigenen Werte und Überzeugungen eintreten konnte. Mir wurde bewusst: Wenn ich mit meiner Leidenschaft, meinen Fähigkeiten und Neigungen etwas verändern möchte, dann nicht auf Seite der NGOs oder der Medien, sondern auf Unternehmensseite. In dieser Rolle konnte ich gemeinsam mit anderen sowohl ökologisch als auch in sozialen Belangen wirksam werden, Dinge gestalten und dadurch tatsächlich etwas bewegen.

Ich spürte, dass diese ganzheitliche Wirksamkeit unternehmerischen Handelns das Ziel meiner Suche war. Das zu begreifen, war ein großer Schlüssel- und Glücksmoment für mich. Ich fasste den Entschluss, nach dem Abschluss meines Studiums bei VAUDE als Produktmanagerin für die Packs 'n Bags anzufangen. Ich war angekommen. Ich hatte das Gefühl, ausgerechnet zu Hause meine Heimat gefunden zu haben.

MUTTER UND FIRMENCHEFIN

Im Dezember 1998 unterschrieb ich im Büro unseres Finanzchefs Erwin stolz meinen ersten Arbeitsvertrag bei VAUDE,
um als Produktmanagerin ins Unternehmen einzusteigen. Als
ich aufstand, wurde mir kurz schwindelig und meine Beine
knickten weg. Ich dachte mir nichts dabei und schob es auf
meinen ohnehin stets niedrigen Blutdruck. Drei Wochen später,
kurz vor Weihnachten, stellte ich fest, dass ich schwanger war.
Das war ein Schock, wollte ich doch zuerst Karriere machen,
bevor ich mich überhaupt mit Familienplanung auseinandersetzte. Für mich war eigentlich klar, dass ich, wenn überhaupt,
frühestens mit dreißig Jahren Kinder bekommen wollte. Dazu
kam, dass mein Partner Wolfgang noch mindestens zwei Jahre
in Rosenheim Holzbau studieren würde. Außerdem hatten
wir lange geplant, nach seinem Studium gemeinsam mit dem
Fahrrad ein Jahr lang um die Welt zu reisen – all unsere Vorstellungen wurden durch die Schwangerschaft durchkreuzt.

Wolfgang und ich versuchten die Sache dennoch pragmatisch anzugehen. Wir besprachen das Für und Wider und
machten eine Liste, um uns klar zu werden, was das jetzt für
uns bedeuten würde. Ich weiß noch, wie überrascht ich war,
dass uns trotz dieses Anfangsschocks eigentlich nur positive
Aspekte einfielen und dass wir innerlich die Entscheidung
schon längst getroffen hatten. Während auf der rechten Seite
unserer Liste nur der Punkt Fahrrad-Weltreise stand, reichte
der Platz auf der linken Seite gar nicht aus, um all die positi-

ven Dinge aufzunehmen, die wir beide mit einem Kind verbanden. Wir wollten uns auf das Abenteuer Familie einlassen.

Wie das mit meinem neuen Job zu vereinbaren sein würde, war mir zu diesem Zeitpunkt allerdings völlig unklar, ich fühlte mich plötzlich wie in einer anderen Welt. In einer Welt, in der Kind und Karriere so überhaupt nicht zueinander passten. Ich stellte fest, dass es im gesamten Umkreis nur Vormittagsbetreuung für Kinder gab, und das auch erst ab drei Jahren. Wolfgang studierte in Rosenheim, ich würde damit zumindest unter der Woche erst einmal quasi alleinerziehend sein. Außerdem spürte ich, wie wichtig der Gedanke für mich war, eine gute Mutter zu werden. Bedeutete das, dass ich in den ersten Jahren gar nicht arbeiten sollte, um mich ganz meinem Kind zu widmen? Ich wusste keine andere Antwort auf diese Frage, als VAUDE auf unbestimmte Zeit wieder zu verlassen.

Diese Entscheidung fiel mir sehr schwer. Ich fühlte mich zerrissen und hatte ein schlechtes Gewissen: Gegenüber meinem Vater und den Kollegen und Kolleginnen bei VAUDE, die sich auf mich verließen, und auch gegenüber mir selbst, meinen Werten und Überzeugungen. Ich hatte mich bis dahin doch als Vorkämpferin für die Gleichberechtigung empfunden und in der Vergangenheit schon viele Wortgefechte mit älteren Herren ausgefochten, die mir weismachen wollten, dass Frauen am Herd und bei den Kindern gut aufgehoben waren. Ich wollte doch etwas bewegen in dieser Welt! Und nun fand ich mich in einem traditionellen Rollendenken wieder. Beherrscht von der Sorge davor, meinem Kind nicht gerecht zu werden, sah ich keine andere Möglichkeit, als mich erst einmal aus dem Arbeitsleben zurückzuziehen. Meine ganze Welt stand Kopf. Ich fürchtete, dass ich meine ambitionierten Zukunftspläne einfach begraben müsste.

Die positiven Reaktionen meines Umfelds halfen mir jedoch rasch, die ungeplante Veränderung pragmatisch zu sehen und anzugehen: Mein Vater gratulierte mir erfreut, wischte alle meine Bedenken beiseite und fragte nur: »Wo ist denn das Problem? Du findest doch sicher eine Lösung, die für dich passt.« Genauso gut tat es mir, dass weder Wolfgang noch meine Eltern die Erwartung äußerten, dass ich als Mutter nun nicht mehr arbeiten könnte. Wolfgangs Eltern Ursel und Hans-Jörg waren schlichtweg begeistert von der Nachricht und konnten es gar nicht erwarten, endlich Großeltern zu werden. Meine Kollegen reagierten freundlich und gelassen, ebenso wie unser Finanzchef Erwin, der mich gerade erst eingestellt hatte. Er freute sich für mich und gemeinsam suchten wir eine Nachfolgerin für meinen Bereich.

Im August 1999 wurde Julie geboren. Ab dem Moment, als ich sie das erste Mal in den Armen hielt, war ich voller Liebe für dieses kleine Wesen, das sich nun anschickte, unser Leben auf den Kopf zu stellen. Wolfgang und ich spürten beide deutlich dieses überbordende Gefühl, dass es fortan nur darum gehen würde, dieses Kind zu beschützen, alles zu tun, damit ihm nichts passiert und es ihm gut geht. Selbstverständlich fühlten wir uns ganz am Anfang wie wohl die meisten Eltern auch ziemlich überfordert von dieser Verantwortung. Wir folgten daher akribisch und mit viel Freude allen Anweisungen unserer großartigen Hebamme: vom Stillen über das tägliche Baden bis hin zur abendlichen Babymassage. Julie war zu unserem Glück ein unkompliziertes Baby. Sie ließ sich problemlos im Tragetuch überallhin mitnehmen und war meist ruhig und vergnügt – ein wunderbares Kind für Anfänger wie uns.

Die Geburt von Julie fiel glücklicherweise mitten in Wolfgangs Semesterferien. Daher hatten wir gemeinsam viel Zeit, um unsere Tochter kennenzulernen und das Leben mit ihr zu erproben. Wir fühlten uns Woche für Woche immer sicherer und souveräner und genossen unser Familienleben sehr. Nach sechs Wochen ging es dann für Wolfgang wieder zurück an die Hochschule, und ich bekam die Nachricht, dass meine Nachfolgerin in der Probezeit gekündigt hatte. Ich horchte in mich hinein und stellte fest, dass mein Kind definitiv die großartigste Erfahrung in meinem Leben war. Und dass ich trotzdem gerne wieder arbeiten würde. Ich konnte mir inzwischen nicht vorstellen, die ganze Zeit zu Hause zu bleiben. Im Gegenteil, ich begann zu ahnen, dass ich langfristig eine bessere, da zufriedenere und ausgeglichenere Mutter sein könnte, wenn ich auch etwas für mich tun würde. Daher überlegte ich nicht lange, als mein Vater mich fragte, ob ich vorübergehend aushelfen könne, bis wir erneut einen Nachfolger gefunden hätten. Meine Bedenken, meiner Tochter nicht gerecht zu werden, sobald ich arbeiten gehen würde, waren kleiner geworden. Dennoch wollte ich mich zunächst nur auf ein paar Stunden die Woche einlassen, um wieder in meinem Job einzusteigen.

An den fehlenden Betreuungsmöglichkeiten hatte sich natürlich nichts verändert, zudem stillte ich und hatte vor, das auch noch einige Monate zu tun. Ich richtete daher neben meinem Schreibtisch im Büro eine Krabbel- und Wickelecke ein und nahm Julie kurzerhand einfach mit zum Arbeiten. Da saß ich dann also in unserem Großraumbüro mit meiner Tochter. Auch im wachen Zustand war sie meist ruhig und zufrieden im Tragetuch und ermöglichte mir dadurch meine Stunden zügig aufzustocken. Aber natürlich war sie auch unruhig oder hat ab und zu geschrien. Ich habe noch das Bild vor Augen, wie ich stillend telefonierte oder mit meinem Baby in Besprechungen saß. Das alles war ziemlich ungewöhnlich, aber meine Kollegen haben mich unterstützt und sich nicht beklagt, obwohl klar war, dass auch sie immer wieder durch das Baby gestört wurden. Mein Kollege Markus war nicht nur durch seine ruhige Gelassenheit eine große Hilfe, sondern schaukelte oder trug Julie immer wieder durch das Büro, wenn sie unruhig war. Bis heute ist die Anwesenheit von Babys und Kindern von Mitarbeitenden im Unternehmen übrigens keine Seltenheit, ab und an sind sie auch tatsächlich in Besprechungen dabei, wenn sich keine andere Betreuung findet. Und sehr regelmäßig durch unsere Tradition des Baby-Zeigens, wenn die frischgebackenen Eltern ihr Baby vorstellen. Ich genieße das jedes Mal sehr.

Einmal besuchte uns eine Gruppe Studierender im Rahmen eines Forschungsprojektes, um sich VAUDE anzuschauen. Ich saß gemeinsam mit ihnen und ihrem Professor in einer Besprechung, in der ich Fragen zu VAUDE beantworten sollte, und Julie schrie und schrie und wollte gar nicht mehr aufhören – sie hatte einfach keinen guten Tag. Ich dachte in dem Moment nur Augen zu und durch, aber natürlich war mir das sehr unangenehm und tat mir für alle leid. Insgesamt war das für mich eine anspruchsvolle Zeit. Dennoch fühlte ich mich inzwischen selbstbewusster als arbeitende Mutter. Meine eigenen Arbeitserfahrungen als Mutter, so ungewöhnlich und herausfordernd die Situation auch war, halfen mir, ein eigenes Bild davon zu entwickeln, was Julie und auch mir guttat. Ich merkte, wie die Sorge, ihr nicht gerecht zu werden, verblasste und ich aus diesen Erfahrungen Kraft und Mut schöpfte, die nächsten Herausforderungen anzunehmen.

Daher kam für mich trotz aller Schwierigkeiten auch nicht infrage, mit dem Arbeiten aufzuhören, als wir nach vier Monaten mit Melanie eine wunderbare Nachfolgerin gefunden hatten, die die Packs 'n Bags in Vollzeit übernahm. Ich hätte mich mit gutem Gewissen wieder zurückziehen können, aber mir war inzwischen klar geworden, dass ich auch als Mutter noch genauso viel Spaß am Job hatte. Zudem wollte ich finanziell unabhängig bleiben. Ich wollte weder Sozialleistungen beziehen noch meine Eltern um ein Taschengeld bitten müssen. Ich arbeitete daher meine Nachfolgerin ein und wechselte ins Marketing, wo ich mit einem Teilzeitjob die Unternehmenskommunikation übernahm. Inzwischen hatte ich auch eine bessere Lösung für Julie gefunden: Meine Freundin Elke aus dem Dorf, in dem wir mittlerweile wohnten, übernahm meine Tochter halbtags als Tagesmutter. Wir hatten unsere Töchter nur wenige Tag nacheinander bekommen und verbrachten ohnehin viel Zeit miteinander, daher war es eine ebenso schöne wie naheliegende Lösung.

Wolfgang richtete es rasch ein, bereits am Donnerstagabend nach Hause zu kommen und am Folgetag nicht nur unsere Tochter zu übernehmen, sondern mit viel Tatkraft auch den unter der Woche vernachlässigten Haushalt auf Vordermann zu bringen. Zeitgleich begann ich mit Susi, der Frau unseres Marketingleiters, das Kinderhaus für VAUDE zu planen. Mein eigenes Beispiel zeigte mir, wie unerlässlich eine Kinderbetreuung für Mütter ist, die mit mehr als ein paar Stunden in der Woche ihren Beruf ausüben wollten. Mein Vater hatte schon Anfang der Neunziger Pläne für einen Firmenkindergarten gemacht und bereits beim Bau sogar in den Räumlichkeiten vorgesehen. Diesen Plänen stand die katholische Kirche im Ort jedoch kritisch gegenüber. Kinderbetreuung sollte ihrer Meinung nach nicht in die Hände von Wirtschaftsunternehmen gelegt werden! Es wurde daher beschlossen, den eigenen kirchlichen Kindergarten um eine Gruppe zu erweitern, um den gestiegenen Bedarf an Kinderbetreuung zu decken. Mein Vater hatte seine Idee daraufhin erst einmal auf Eis gelegt. Doch die Räumlichkeiten an sich waren nach wie vor vorhanden und mein Vater ermutigte mich dazu, den Gedanken der Kinderbetreuung unter neuen Gesichtspunkten zu verfolgen.

Zunächst führten wir bei VAUDE eine Befragung durch, welche Art von Bedarf an Kinderbetreuung überhaupt bestand, arbeiteten uns durch gesetzliche Vorgaben und Förderrichtlinien und stellten eine Sozialpädagogin als zukünftige Leiterin ein, um mit ihr die Konzeption für unser Vorhaben zu erarbeiten und das Umbauprojekt zu starten. Die internen Befragungen hatten unsere Vermutungen bestätigt, dass wir ein möglichst umfassendes Betreuungskonzept brauchten, was sowohl das Alter der Kinder als auch die Betreuungszeiten anging: also ein Konzept, das nicht nur Eltern mit Kindern ab etwa einem Jahr unterstützte, sondern auch eine Betreuung für Schulkinder vor und nach dem Unterricht vorsah. Eine Einrichtung, die die Kinder nicht nur ganztags versorgte, sondern eben auch möglichst wenige Tage im Jahr geschlossen blieb.

Unsere Vision war es, das Kinderhaus zu einem Familiendienstleister zu gestalten, der das gesamte Familienleben erleichterte. Den Umbau der Räumlichkeiten stemmte VAUDE finanziell selbst. Klar war jedoch, dass der laufende Betrieb unsere Mittel übersteigen würde, zumal wir mit »unseren« Kindern das Kinderhaus auch nicht auslasten würden. Wir entschieden uns daher, die Einrichtung auch für externe Kinder zu öffnen und für die Finanzierung der laufenden Kosten Zuschüsse von Land und Stadt zu beantragen, was uns glücklicherweise auch gelang. Im Mai 2001 war es dann endlich so weit: Unser Kinderhaus nahm die ersten Kinder auf, darunter auch Susis Tochter und unsere Tochter Julie. Endlich eine zuverlässige Betreuungseinrichtung in unmittelbarer Nähe zu meiner Arbeitsstätte!

Ich war so glücklich, dass wir das auf die Beine gestellt hatten! Im gleichen Moment wusste ich, dass wir trotz Kinderhaus wieder vor eine neue Betreuungsherausforderung gestellt sein würden: Bei der feierlichen Eröffnung war ich bereits im sechsten Monat schwanger. Dieses Mal hatten Wolfgang und ich das auch genau so geplant. Obwohl er immer noch in Rosenheim studierte und unsere Fernbeziehung mit den vielen Abschieden nicht immer unkompliziert war, genossen wir unser neues Familienleben sehr, wollten auf jeden Fall noch mehr Kinder und befanden einen Abstand von zwei Jahren zwischen ihnen als ideal. Im August 2001 wurde unsere Tochter Lotta geboren und Wolfgang hatte sein Studium abgeschlossen. Wir mussten nun entscheiden, wie unsere weitere Zukunft aussehen sollte. Im Grunde stand uns die Welt offen – nun mussten wir überlegen, wo es für uns hingehen sollte.

Das war ein weiterer Schlüsselmoment in meinem Leben. Mir wurde bei diesen Überlegungen das erste Mal ganz deutlich bewusst, dass ich die Geschäftsführung von VAUDE übernehmen wollte. Meine Eltern hatten mich nie zu dieser Entscheidung gedrängt. Im Gegenteil: Mein Vater hatte mir und meinen Schwestern diesen Weg immer offengelassen und sich auch mit alternativen Modellen beschäftigt, meine Schwestern schlugen Berufswege im sozialen Bereich ein. Ich war zu diesem Zeitpunkt die Einzige mit betriebswirtschaftlichem Hintergrund, doch meine Mutter hatte mich immer wieder gewarnt: »Übernimm VAUDE bloß nicht, die zeitliche Belastung ist zu hoch, du siehst doch, wie viel dein Vater arbeitet.« Diese Warnung, die mich früher stark beeindruckt hatte, berührte mich zu diesem Zeitpunkt nicht mehr so sehr.

Durch die Erfahrungen der letzten Jahre hatte ich viel Zuversicht geschöpft, dass sich Lösungen finden würden, auch wenn ich sie mir noch nicht genau vorstellen konnte. Insgeheim hatte ich sogar gehofft, besonders seitdem ich dort arbeitete, dass mich mein Vater fragen würde, ob ich seine Nachfolgerin werden wollte, was er aber nicht tat. Am Ende sprach ich ihn schließlich einfach selbst darauf an – bei uns im Esszimmer: »Ich kann mir vorstellen, VAUDE zu übernehmen.« Seine Antwort war kurz und klar: »Dann ist es ja schön.« Zu seinem sechzigsten Geburtstag verkündete er der Belegschaft, dass er das Unternehmen sechs Jahre später übergeben und ich ab 2009 seine Nachfolgerin werden würde.

Wolfgang trug meine Entscheidung zu meinem Glück voll mit, auch in dem Bewusstsein, dass sie sein Leben stark beeinflussen würde. Er kam selbst aus einer Unternehmerfamilie und hatte vollstes Verständnis für meine Leidenschaft. Es war uns beiden wichtig, dass er dafür nun erst einmal an der Reihe sein würde, wenn unser zukünftiger Lebensmittelpunkt bei VAUDE und in Obereisenbach liegen würde. Er bewarb sich bei großen Holzfirmen mit internationalen Niederlassungen. Unser Traum war es, für zwei bis drei Jahre nach Kanada zu gehen und irgendwo in der großartigen kanadischen Wildnis zu wohnen. Tatsächlich wurde er zum Vorstellungsgespräch für einen Job in Kanada geladen. Ich hatte noch gescherzt, dass er am Ende bei der deutschen Niederlassung des Holzunternehmens in Stuttgart landen würde – und genauso kam es. 2002 zogen wir nach Kirchheim in der Nähe von Stuttgart und Wolfgang wurde Leiter der Innovationsabteilung eines Spanplattenherstellers.

Wir mieteten ein kleines Haus mit Garten und es war klar, dass ich vorrangig für die Kinderbetreuung zuständig sein würde. Dennoch wollte ich die Zeit in Kirchheim auch nutzen, um mich weiterzubilden. Das war meine einzige Chance, um mich außerhalb von VAUDE auf die Übernahme der Geschäftsleitung vorzubereiten und mich weiter zu qualifizieren! Ich fühlte die Uhr ticken und begann daher nach unserem Umzug sofort, die Zeitungen zu wälzen, um nach einem passenden Teilzeitjob für mich zu suchen. Ich bewarb mich zum Beispiel als Verantwortliche für die Finanzen bei den Grünen und am Lehrstuhl für Kommunikationsmanagement. Am Ende aber begann ich als wissenschaftliche Mitarbeiterin am Stiftungslehrstuhl Entrepreneurship (Unternehmertum und Unternehmensgründungen) an der Universität Hohenheim.

Meine wesentliche Aufgabe dort bestand darin, die Seminararbeiten der Studenten zu betreuen, die sie über konkrete Herausforderungen aus der Praxis der mittelständischen Partnerunternehmen der Universität verfassten. Für mich war das großartig, weil es mich optimal auf die spätere VAUDE-Geschäftsführung vorbereitete: Aus allen Bereichen des unternehmerischen Handelns wurden konkrete Aufgabenstellungen mit den neuesten wissenschaftlichen Erkenntnissen und praktischen Recherchen und Befragungen bei den Praxispartnern der Universität gelöst, zu denen rasch auch VAUDE gehörte. Es ging um Konzepte wie die Markteinführung neuer Produkte, um Exportstrategien, Kundenbindungsprogramme, Erarbeitung neuer Unternehmensstrategien vor dem Hintergrund sich verändernder Märkte und immer wieder auch die Vorbereitung oder Begleitung von Geschäftsführungsübergaben.

Die Erkenntnisse daraus waren ein wenig desillusionierend. Nicht nur die Beispiele, die ich in der Praxis begleitete, erwiesen sich als äußerst schwierig, sondern auch die wissenschaftliche Forschung zeigte, dass viele der Unternehmensübergaben innerhalb einer Familie schiefgingen. In einem Forschungsbericht wurden die Übergeber in verschiedene Kategorien eingeteilt, unter anderem den »General«: Er übergibt das Unternehmen, zieht sich zurück – bildlich gesehen hinter den nächsten Hügel – und beobachtet das Unternehmen von dort. Schnell stellt er fest, dass er unentbehrlich ist, bläst zum Angriff und übernimmt das Ruder wieder. Spätestens da wurde mir bewusst, dass ich eine gehörige Portion Respekt vor der Aufgabe hatte, die mich erwartete.

Im gleichen Gebäude des Lehrstuhls befand sich eine Unternehmensberatung, in der ich wie die meisten Angestellten am Lehrstuhl üblicherweise ein paar zusätzliche Stunden arbeitete. Ich erinnere mich noch gut an das erste Telefonat mit dem Chef: Während Lotta gerade über irgendetwas außer sich war und ihren Unmut hinausbrüllte, versicherte ich ihm (lautstark, um Lotta zu übertönen), dass in Sachen Kinderbetreuung alles bestens organisiert sei – heute kann ich über diese Episode schmunzeln, damals fühlte ich mich, als würde ich mich ganz schön weit aus dem Fenster lehnen …

Als mich der Professor meines Lehrstuhls eines Tages nach dem Thema meiner Dissertation fragte, war ich komplett überrumpelt: Eine Doktorarbeit hatte ich bis dahin überhaupt nicht in Erwägung gezogen. Ich war hin- und hergerissen. Auf der einen Seite war das eine einmalige Chance, die sich so nie wieder ergeben würde. Auf der anderen Seite war mir mulmig zumute. Es fühlte sich an, als ob ich das Schicksal herausforderte, wenn ich neben den beiden Jobs und der Betreuung unserer Töchter noch mit einer Dissertation startete. Wolfgangs Reaktion gab schließlich den Ausschlag: Er zeigte sich begeistert von der Chance, die sich mir da bot, und ermutigte mich, das Angebot wahrzunehmen. Ich war Wolfgang dankbar, dass er mich wieder einmal bestärkte, einen Schritt zu wagen, obwohl er auch ihn oder zumindest unsere gemeinsame Zeit nicht unerheblich beeinträchtigen würde.

Für Julie, die damals drei Jahre alt war, fand ich einen Kindergarten in unmittelbarer Nähe unseres Wohnhauses. Einen Krippenplatz für Lotta hatte ich sogar auch gefunden, aber als uns die Einrichtung überhaupt nicht überzeugte, stellten wir stattdessen ein Au-pair-Mädchen ein. Claudia, ein sehr fröhlicher Mensch mit sonnigem Gemüt, kam aus Chile, war vernarrt in Lotta und unterstützte uns liebevoll. Trotz der hohen zeitlichen Belastung durch unsere Jobs erlebten wir die Zeit als unkompliziert und fröhlich. Und obwohl unser Familienkonstrukt fragil war, klappte alles erstaunlich gut: Ich arbeitete ab halb sieben am Lehrstuhl oder in der Unternehmensberatung. Wolfgang frühstückte mit den Kindern, brachte Julie in den Kindergarten und Claudia übernahm Lotta. Um halb drei kam ich zurück, löste Claudia ab und verbrachte schöne Nachmittage mit den Mädchen: mit Plätzchen backen, basteln oder Besuchen im Schwimmbad. Abends, wenn die Kinder im Bett waren, schrieb ich an meiner Dissertation. Als Glücksfall erwiesen sich Wolfgangs Mutter und Schwester, die ab und zu für ein paar Tage vorbeikamen und uns aushalfen. Das fühlte sich für uns immer an wie Ferien. Größtenteils waren wir jedoch auf uns gestellt und versuchten, wie viele junge Familien in einer solchen Situation, alles irgendwie unter einen Hut zu bekommen.

Ende 2004, als ich bereits mit unserem Sohn Paul schwanger war, wurde es Zeit für uns, an den Bodensee zurückzukehren. Schon von Kirchheim aus hatten wir uns in Tettnang ein abbruchreifes Haus gekauft, das Wolfgang in den kommenden beiden Jahren von Grund auf für uns renovierte. Zurück am Bodensee, konzentrierte ich mich in dieser ersten Zeit zunächst auf die Fertigstellung meiner Dissertation. Ich untersuchte, wie sich mittelständische Unternehmen aufstellen müssen, um sich den veränderten gesellschaftlichen und wirtschaftlichen Rahmenbedingungen anpassen zu können: Welche Faktoren in der Personalarbeit, der Unternehmenskultur und der Organisationsentwicklung sind wichtig, um Mitarbeitende leistungsstark zu machen, um interne Talente zu fördern, zu motivieren und langfristig ans Unternehmen zu binden und ein Unternehmen letztendlich zukunftsfähig aufzustellen? Das waren entscheidende Fragen in meiner Doktorarbeit, aber auch für mich als künftige Geschäftsführerin von VAUDE. Ich besuchte dafür rund zwanzig andere mittelständische Unternehmen – etwa Wenglor in Tettnang oder Skytec in München. Mit VAUDE beschäftigte ich mich am intensivsten: Ich veranstaltete Workshops, um herauszufinden, wie zufrieden die Kollegen und Kolleginnen an ihrem Arbeitsplatz und mit den äußeren Rahmenbedingungen waren. Ich wollte tief ins Unternehmen hineinblicken und ein Verständnis dafür bekommen, was sie motivierte, aber eben auch demotivierte. Es ging mir dabei auch darum, selbst ein Gefühl zu entwickeln, was ein leistungsstarkes Unternehmen ausmacht und an welchen Stellschrauben wir bei VAUDE drehen sollten.

Im Januar 2005, zwei Monate nach unserer Rückkehr, wurde unser Sohn Paul geboren und wenige Wochen danach berief mich mein Vater in die Marketingleitung. Diese offene Stelle hatte sich ergeben, weil Stefan, der vorherige und äußerst innovationsstarke Marketingleiter, auf die Position des technischen Leiters gewechselt war. Ich mochte die Verantwortung und fühlte mich auch mit meinen Kompetenzen am richtigen Platz. Doch der Job forderte mich zeitlich mehr, als ich eigentlich leisten konnte und ich mir auch selbst eingestehen wollte. Während Lotta und Julie im Kinderhaus untergebracht waren, hatten wir für Paul keine externe Betreuungsmöglichkeit. Da wir in einer kleinen Zweizimmerwohnung im Nachbarhaus meiner Eltern wohnten, war nun auch kein Platz mehr für ein Au-pair. Wolfgang betreute Paul mit mir, aber wenn wir irgendwann in unser Haus ziehen wollten, brauchte er auch Zeit für die Renovierung.

Mir wurde bewusst, dass ich Marketingleitung, Dissertation und Babybetreuung nicht hinkriegen konnte. Ich war wahnsinnig müde zu der Zeit und weiß noch, wie ich in Besprechungen davon träumte, mich einfach auf den harten Teppichboden zu legen und zu schlafen, und wie unglaublich verlockend dieser Gedanke für mich war. Vor allem holte mich meine alte Angst wieder ein, meinen Kindern nicht gerecht zu werden. Wir hatten uns in den vergangenen Jahren bei der Suche nach den geeigneten Au-pairs immer als »fröhliche Familie« bezeichnet. Mir wurde bewusst, dass wir das zu diesem Zeitpunkt nicht waren. Wir waren gestresst und fühlten uns kontinuierlich unter Druck. Es war Zeit für mich, Prioritäten zu setzen und etwas zu verändern. Meine Familie sollte nicht unter meinem Ehrgeiz leiden, und so entschied ich mich schweren Herzens, die Arbeit an der Dissertation abzubrechen – eine andere Lösung sah ich nicht.

Als meine Schwiegermutter von meinen Gedanken erfuhr, traf sie über Nacht eine Entscheidung. Gleich am nächsten Morgen stand sie in unserer Küche und bot mir an, ab sofort unser neues Au-pair zu sein und sich fortan um die Kinder zu kümmern. Sie sagte, dass sie nach dem Verkauf ihrer Metzgerei Zeit habe und sie sich auf diese Aufgabe sehr freue. Ich konnte mein Glück kaum fassen. Ich war ihr unglaublich dankbar für dieses Angebot, das von Herzen kam und das es mir ermöglichte, meine Dissertation neben meiner Arbeit doch noch zu Ende zu schreiben.

2007 wurde unser viertes Kind Mats geboren. Ich blieb sechs Wochen zu Hause und ging danach wieder arbeiten. Auch um Mats kümmerte sich meine Schwiegermutter liebevoll, wir waren ein eingespieltes Team geworden. Trotzdem tat mir die Entscheidung weh, so früh wieder einzusteigen. Gerne hätte ich die Zeit mit den Kindern daheim noch ein wenig verlängert. Inzwischen hatte Wolfgang unser Haus in Tettnang fertig renoviert und wir waren mit unseren vier Kindern und Hund Lucky in unser neues Heim gezogen. Mit der näher rückenden Übernahme der Geschäftsführung verspürte ich jedoch auch den Druck, dass ich dem Unternehmen nicht längere Zeit fernbleiben konnte.

Parallel ging es schon seit einiger Zeit für mich und meinen Vater darum, das Unternehmen übergabefähig zu machen. Mir war von Anfang an klar, dass ich das Unternehmen nicht so führen konnte und wollte wie er, der das Unternehmen gegründet und aufgebaut hatte. Zum einen hatte er mir über dreißig Jahre Erfahrung voraus und kannte das Unternehmen in- und auswendig. Zum anderen konnte ich mir nicht vorstellen, so viele Stunden zu arbeiten, wie er es immer getan hatte. Gerade weil von Anfang an das Schreckgespenst der Rabenmutter durch meinen Kopf geisterte, war es für mich ein riesiger Ansporn und großes Anliegen, das Unternehmen so zu organisieren, dass Familie und Firmenleitung gut vereinbar wären.

Ich hatte mich ja während meiner Zeit am Lehrstuhl in Hohenheim bereits viel mit Firmenübergaben und der Tatsache beschäftigt, dass viele Übergaben schiefgehen. Gerade in Familienunternehmen gibt es viele emotionale Themen, die eine zusätzliche Belastung darstellen können – etwa fehlende Wertschätzung oder misslingende Kommunikation. Ich hatte immer wieder zu hören bekommen, dass mein Vater, der voller Energie und Tatendrang steckt, es sicher nicht schaffen werde, loszulassen, und ich immer der Beifahrer bleiben würde. Diese Aussage, die ich in den verschiedensten Formen von den Kollegen und Kolleginnen bei VAUDE, von Verwandten und sogar von befreundeten Wettbewerbern, häufig mit einer Portion vorauseilendem Mitleid zu hören bekam, beschäftigte mich sehr und bereitete mir Sorge. Das war nicht die gestalterische Zukunft, die ich mir erhoffte. Ich konnte mir jedoch auch kein Szenario vorstellen, in dem ich meinem sehr willensstarken Vater vorschreiben könnte, nicht in das operative Geschäft des Unternehmens einzugreifen, das er selbst gegründet hatte.

Glücklicherweise war mein Vater in diesen Jahren im Aufsichtsrat einer anderen mittelständischen Firma, die ebenfalls an ein Familienmitglied übergeben wurde. Dort bekam er hautnah mit, wie wichtig es ist, dass der Seniorchef loslässt. Er hatte durch das Beispiel aber auch vor Augen, was passieren konnte, wenn der Nachfolger die Fußstapfen des Vorgängers nicht wirklich ausfüllen konnte. Wir waren also beide sensibilisiert dafür, dass es viele Möglichkeiten des Scheiterns gab. Wir gingen die Nachfolge deshalb strategisch an: Während der Übergangsphase teilten wir uns die Kompetenzen auf. Mein Vater hatte seinen Schwerpunkt im Produktbereich; ich kümmerte mich um das Marketing und die Organisationsentwicklung der Firma. Mir ging es vor allem darum, die Strukturen so zu verändern, dass die Verantwortung auf die Schultern vieler verteilt werden konnte.

Mit der Zustimmung meines Vaters ernannte ich die Vertriebs-, Finanz- und Produktleiter zu Mitgliedern der Geschäftsleitung und band damit die Kernkompetenzen des Unternehmens in die Unternehmensleitung ein. In der weiteren Konsequenz etablierten wir zusätzlich starke Bereichsleitungen in Logistik, IT und Personal, um gemeinsam mit uns Geschäftsleitern ein Gremium zu bilden, das der Komplexität des Unternehmens gerecht wurde. Gemeinsam zogen wir weitere neue Hierarchieebenen ein, um auch Führungskräften einen Teil der Verantwortung zu übertragen. Zudem bauten wir ein Programm zur Entwicklung von Führungskräften auf.

Mein Vater trug diese Entscheidungen mit, auch wenn der Kulturwandel natürlich nicht reibungslos verlief, weil wir öfter verschiedene Vorstellungen hatten. Wir etablierten einen gemeinsamen Jour fixe, damit wir uns regelmäßig über die Entwicklungen austauschen konnten. Doch auch dieser Termin bewahrte uns nicht vor Konflikten. Die Übergabe der Firma versetzte uns beide in ganz neue Rollen, als wir sie bisher aus unserer harmonischen Vater-Tochter-Zeit gewohnt waren. Wir mussten beide lernen, uns damit zu arrangieren. Heute, über zehn Jahre später, gelingt uns das meist schon ganz gut. Doch es war viele Jahre eine anspruchsvolle und fordernde Zeit. Auf die Frage einer Journalistin, ob er froh sei, dass seine Tochter das Unternehmen übernommen habe, meinte mein Vater einmal, dass er externen Geschäftsführern so richtig die Meinung sagen könnte, wenn sie Mist bauen würden. Bei der eigenen Tochter müsse man immer versuchen, sich zurückzuhalten, um sie nicht zu verletzen, und das falle manchmal ganz schön schwer. Ich wiederum hatte den Eindruck, dass er mit Kritik nicht gerade sparsam umging und fühlte mich tatsächlich sehr oft sehr angegriffen. Rückblickend hätte uns vermutlich ein Mediator gutgetan, der uns bei den Herausforderungen und unterschiedlichen Sichtweisen in dieser schwierigen Phase unterstützt hätte.

Die Herausforderungen einer Unternehmensübergabe von der Generation des Gründers auf die nächste sind vielleicht die größten. Es steckt so viel Herzblut im Aufbau des eigenen Unternehmens, und eine Weitergabe wurde bis dato einfach nicht erprobt. Vielleicht täusche ich mich aber auch und stelle irgendwann fest, dass auch die nächste, meine eigene, Übergabe sehr schmerzhaft ist. Ich habe auf jeden Fall größten Respekt davor, dass mein Vater seine Ankündigung durchgezogen und sich über einen begleitenden Rat oder Kritik hinaus in seiner Rolle als Beirat und Gründer operativ nicht eingemischt und auch nicht eingegriffen hat. Vor allem in den ersten beiden Jahren gab es aus der Mitarbeiterschaft häufig die Frage: »Weiß denn das der Albrecht? Was sagt denn der dazu?« Es wäre nicht schwer für meinen Vater gewesen, Entwicklungen oder Entscheidungen zu verhindern. Er hat es nicht getan, sondern uns als Geschäftsleitung den Freiraum gegeben, unseren eigenen Weg mit VAUDE zu gehen und dafür bin ich ihm sehr dankbar.

Als mein Vater sich am 1. Januar 2009 wie angekündigt aus der Geschäftsleitung zurückzog, übergab er mir nicht nur die Geschäfte von VAUDE, sondern als Zeichen der Veränderung auch gleich noch sein Büro. Ich war erst sehr aufgeregt an diesem Tag und hätte eigentlich erwartet, dass mir die Verantwortung stärker auf den Schultern lasten würde. Aber dann dachte ich nur: Jetzt geht's los! Ich trat meinen Traumjob in der tollsten Branche der Welt an. Ich fühlte mich angekommen und konnte es kaum erwarten loszulegen.

ARBEITSZEIT IST LEBENSZEIT!

»Antje, ich muss Julie vom Kindergarten abholen und stehe im Stau, aber ich erreiche Claudia nicht!« Der Weg zu Wolfgangs Arbeitsstätte in Stuttgart führte genau wie meiner über ein staugeplagtes Stück Autobahn, das uns immer wieder einen Strich durch unsere sorgfältig austarierte Planung zwischen unseren Jobs und der Betreuung unserer Kinder machte. Außer unserem Au-pair Claudia hatten wir vor Ort kein Netzwerk von Großeltern oder Freunden, die uns helfen oder bei Notfällen spontan einspringen konnten.

Die Erinnerung an solche kleinen Schreckmomente waren mir noch gut präsent, als ich die Geschäftsführung bei VAUDE übernahm. Auch wenn wir die Jahre in Kirchheim sehr genossen haben, waren die Umstände für uns als arbeitende Eltern alles andere als optimal. Wolfgang arbeitete in einem Betrieb, in dem die klassische Rollenverteilung schlicht vorausgesetzt wurde. Dort war es üblich, dass die Männer arbeiteten und die Frauen zu Hause blieben. Wolfgangs Arbeitszeiten waren für uns unberechenbar: Abends wurden des Öfteren spontan Besprechungen angesetzt, die sich dann bis ins Unendliche zogen, mittags wurde von ihm erwartet, mit der Geschäftsführung essen zu gehen. Eigentlich ging er jedoch viel lieber nach Hause, um Julie vom Kindergarten abzuholen und mit den Kindern Mittag zu essen. Auch die Tatsache, dass er morgens früher mit der Arbeit anfing als seine Kollegen, nämlich, direkt nachdem er Julie in den Kindergarten gebracht hatte, kam nicht besonders gut bei seinen Chefs an. Wir achteten sehr darauf, dass unser Au-pair-Mädchen die vertraglich vereinbarten Arbeitszeiten einhielt, was bedeutete, dass Wolfgang und ich uns die restliche Zeit sorgfältig aufteilten mussten. Das bedeutete einen regelrechten Balanceakt, der vor allem für Wolfgang zu einer Zerreißprobe wurde, die uns alle bedrückte.

Obwohl wir unseren durchgetakteten Alltag trotz der Unvorhersehbarkeiten, die wohl alle Eltern kennen, meist erstaunlich gut gestemmt bekamen, war es mir wichtig, für echte Notfälle gewappnet und handlungsfähig zu sein. Ich wollte dabei die Rückendeckung meiner Arbeitgeber spüren, daher fragte ich meinen Chef in der Unternehmensberatung, ob ich meine Überstunden im Notfall für die Betreuung meiner Kinder einsetzen könnte. Als er ablehnte, fühlte sich das an, als ob mir der Stecker gezogen würde. Ich war selbst überrascht, wie heftig und emotional ich auf seine ablehnende Antwort reagierte. Ich spürte, wie meine Energie und meine Motivation, dort zu arbeiten, augenblicklich schwand, und entschloss mich noch am selben Tag, zu kündigen.

Dass unsere Lebensweise sich der Arbeit unterordnen sollte, ohne dass es für uns nachvollziehbar und sinnhaft war, bedeutete eine ebenso belastende wie einprägsame Lektion für mich und förderte meine Bemühungen um eine gute Vereinbarkeit von Beruf und Privatleben bei VAUDE. Im Zuge der Gründung des Kinderhauses im Jahr 2001 hatten wir bereits begonnen, mit vielen interessierten Mitarbeitenden und externer Begleitung des Audits Beruf und Familie der Hertie-Stiftung Modelllösungen für flexible Arbeitszeiten, Teilzeit und Homeoffice zu entwickeln. Wir wollten so dazu beitragen, dass die angebotene Kinderbetreuung auch wirklich genutzt werden konnte.

Der Gründung unseres Kinderhauses lagen damals aber auch schon wirtschaftliche Überlegungen zugrunde. Wegen unserer Lage und in unmittelbarer Nähe großer Industriebetriebe am Bodensee mit 35-Stunden-Woche war uns stets bewusst, dass wir ein besonderer Arbeitgeber sein mussten, um engagierte und talentierte Menschen nach Obereisenbach zu locken, vor allem angesichts der zunehmenden Warnungen vor einem Fachkräftemangel. Zudem hatten bei VAUDE immer wesentlich mehr Frauen als Männer gearbeitet. Entweder entschieden sie sich gegen Kinder oder verließen das Unternehmen im Fall einer Schwangerschaft für mindestens drei Jahre. Wenn Geschwisterkinder folgten, was meist der Fall war, sogar noch länger. Wenn die Mütter dann nach einigen Jahren ins Unternehmen zurückkehrten, hatten sie den Anschluss häufig verpasst. Um diese wertvollen Mitarbeiterinnen ans Unternehmen zu binden, waren das Kinderhaus und die begleitenden Maßnahmen damals also schon eine wirtschaftlich sinnvolle Entscheidung. Ich erinnere mich daran, wie eine etwas ältere Kollegin zu mir meinte: »Ach, wenn es das alles schon früher gegeben hätte, dann hätte ich heute auch Kinder ...«

Die Worte der Kollegin sind mir auch deshalb in Erinnerung geblieben, weil sie als Zäsur eine generelle Veränderung markierten. Innerhalb weniger Jahre verdreifachte sich die Geburtenrate in unserem Unternehmen – für uns vollkommen überraschend. Wir erlebten einen regelrechten Babyboom, der bis heute anhält und im Vergleich mit dem Bundesdurchschnitt wirklich frappierend ist: Auf tausend Einwohner in Deutschland kommen durchschnittlich 9,5 Babys. Auf 500 VAUDE-Mitarbeitende jedes Jahr zwischen 20 und 25, also gut fünf Mal so viel! Ich finde es beeindruckend, welchen Einfluss äußere Rahmenbedingungen auf die Lebensgestaltung haben.

In Reaktion darauf erweiterten wir 2005 unser Kinderhaus um eine weitere Krippengruppe für Kinder ab einem halben Jahr. Seither betreuen wir insgesamt um die dreißig Kinder zwischen einem halben Jahr und zehn Jahren. Etwa die Hälfte der Kinder sind von VAUDE-Mitarbeitenden, die restlichen stammen aus dem Umland.

Meine Zeit in Kirchheim und meine Arbeit an der Dissertation, die diese persönlichen Erfahrungen wissenschaftlich untermauerte, machten mir noch deutlicher bewusst, wie stark es die eigene Motivation und Energie beeinflusst, ob man sein Leben fremd- oder in großen Teilen selbstbestimmt erlebt. Auch unabhängig davon, ob man Kinder hat oder nicht. Für VAUDE hat dieser Aspekt eine besonders große Bedeutung, der Anspruch an Selbstbestimmung ist hier bei vielen besonders ausgeprägt: Viele arbeiten sehr bewusst in der Outdoor-Branche: Sie sind selbst Sportler, aktiv, freizeitorientiert, verbringen gerne Zeit in der Natur, auf Reisen und in den Bergen. Unabhängig, ob mit oder ohne Familie, spielen bei ihnen Zeit und Flexibilität eine sehr große Rolle.

Gleichzeitig stellen auch wir bei VAUDE hohe Anforderungen an unsere Mitarbeitenden, denn unser nachhaltiger Weg stellt uns immer wieder vor scheinbar unüberwindbare Hindernisse: Was mache ich beispielsweise, wenn mein wichtigster Produzent sich weigert, sich auditieren zu lassen oder wenn das PVC-Material für meine Fahrradtasche nachweislich giftig ist, es sogar ein Ersatzmaterial gibt, das aber 80 Prozent teurer ist? Nicht nur in den ersten Jahren der konsequenten nachhaltigen Transformation, noch heute wirft jeder kleine Schritt auf unserem Weg neue Fragen und große Zielkonflikte auf. Für keinen Schritt gibt es eine fertige Lösung, stattdessen aber zahlreiche rationale Argumente, warum das leider nicht geht. Als Pioniere müssen wir immer wieder kreativ werden und miteinander eine machbare Lösung finden.

Diesen Einsatz, der viel Kraft und Erfindungsgeist erfordert und schwer messbar ist, kann ich nicht von Mitarbeitenden erwarten, die sich fremdbestimmt fühlen und ihr eigenes Leben dem Unternehmen unterordnen müssen. Für diesen Weg brauchen wir den ganzen Menschen mit Herz, Seele und Verstand und seiner ganzen Energie. Es ist uns daher ein großes Anliegen, immer weiter daran zu arbeiten, dass wir eine Arbeitswelt bieten, die eine hohe Vereinbarkeit aufweist, lebenswert ist und viel Kraft schöpfen lässt. Als Outdoor-Unternehmen spielen dabei natürlich auch Sport, Bewegung und der Ausgleich zur sitzenden Tätigkeit am Schreibtisch eine große Rolle. Das fängt schon bei der bewussten Ausstattung am Arbeitsplatz mit höhenverstellbaren Schreibtischen an. Jedes Team kann sich zudem einen Arbeitstag pro Jahr nehmen, um einen gemeinsamen Teamtag zu gestalten. Einzige Bedingung: Es muss den Teamzusammenhalt stärken und etwas mit Natur, Bergen und Bewegung zu tun haben. Es wird geradelt, gewandert, gepaddelt oder auch mit Schneeschuhen oder Skiern auf Tour gegangen.

Viel regelmäßiger, nämlich mehrmals pro Woche, bieten wir im Rahmen des Auszeitprogramms, unseres betrieblichen Gesundheitsmanagements, durch unsere zehn zu Gesundheitscoaches ausgebildeten Kollegen und Kolleginnen Sport-, Ausdauer- und Gesundheitsveranstaltungen kostenlos für alle an. Von Zirkel- und Krafttraining, Rückenschule über Yoga bis hin zu Laufvorbereitung findet sich hier eine breite Palette an Aktivitäten. Die meisten Angebote finden in unserem lichtdurchfluteten Auszeitraum statt, der direkt an unserem Campus im Innenhof anschließt. Wenn dort die Animation der Coaches und Musik ertönt und man die anderen beim Sporteln sieht, wirkt das auch auf die (noch) Unbeteiligten sehr motivierend, denn es führt lebhaft vor Augen, dass man sehr leicht für die eigene Gesundheit aktiv werden kann. Zwischendurch finden in den verschiedenen Abteilungen auch wöchentliche Dehnungseinheiten direkt am Arbeitsplatz statt. Man sieht dann die Kollegen und Kolleginnen im Büro im Kreis stehen, die für ein paar Minuten gemeinsam dehnen, stretchen und in der Regel viel Spaß haben. Wie die großen Trainings sind auch diese Übungen darauf ausgelegt, typischen Haltungsschäden aus sitzender Tätigkeit wie Nacken- oder Rückenschmerzen vorzubeugen. So oft ich kann, nehme ich selbst daran teil, das tut wirklich gut und ist im Grunde mit so wenig Aufwand in jeden noch so stressigen Alltag zu integrieren. Parallel dazu haben sich einige Laufgruppen gebildet, die in der direkten Umgebung ihre Runden im Wald drehen. Im Winter schließen sich immer wieder VAUDEler zusammen, um gemeinsam zur Feierabend-Skitour in die nahe gelegenen Berge aufzubrechen. Im Sommer lockt unser fußläufig erreichbares Freibad (liebevoll »Bädle« genannt), dessen Betrieb wir in Kooperation mit der Stadt übernommen haben, um es vor der Schließung zu bewahren. Im Innenhof klettern VAUDEler in der Mittagspause oder nach der Arbeit an unserer Kletterwand oder trainieren mit ihren Bikes auf dem hauseigenen Pumptrack.

Mit unserer Biokantine »Mittagsspitze« möchten wir einen Beitrag für die Gesundheit und Lebensqualität unserer Mitarbeitenden leisten. Wir kochen nicht nur täglich sehr lecker und in frischer Bioqualität, sondern unsere Köche haben sich bei der Zusammenstellung unserer Speisepläne und Mahlzeiten auch über eine längere Zeit von einer Ernährungsberaterin begleiten und beraten lassen. Ich selbst bin eine der regelmäßigsten Nutznießerinnen: Vor der Eröffnung der Kantine habe ich selbst mittags immer durchgearbeitet. Es war (und ist) mir wichtig, früh zu Hause bei meiner Familie zu sein. Seit es die Kantine gibt, ist die Mittagspause mein tägliches Highlight geworden. Ich glaube, so gesund und ausgewogen habe ich mich mein ganzes Leben noch nicht ernährt. Ich genieße darüber hinaus die Gesellschaft und guten Gespräche in den bunt gemischten und zufällig zusammengewürfelten Runden. Wie beim Kinderhaus hatten wir uns in der Konzeptionsphase dazu entschlossen, die Kantine auch für Externe zu öffnen. Das hat zur Folge, dass immer auch Besucher mit uns zu Mittag essen und häufig auch unsere eigenen Partner, Eltern, Kinder oder Freunde vorbeischauen. Wir alle genießen es besonders, wenn wir bei gutem Wetter draußen im Innenhof essen können. Die von unserem eigenen Handwerkerteam liebevoll gestalteten großen Holztische sind je nach ihrer Sonnen- oder Schattenlage mit Kräutern, Farnen oder Walderdbeeren begrünt. Ich weiß nicht, ob es daran liegt, aber die Stimmung draußen hat immer etwas von Leichtigkeit und Urlaub.

Von unseren Kollegen und Kolleginnen werden die neuen Räumlichkeiten sehr wertgeschätzt: Viele nehmen fleißig am Sportprogramm teil und besuchen täglich die Kantine. Ich vermute aber, dass für die meisten in den vielen Möglichkeiten der zeitlichen und räumlichen Flexibilität das größte Privileg liegt. So arbeiten bei uns heute knapp die Hälfte der Mitarbeitenden in verschiedensten Teilzeitmodellen, sogar 15 Prozent unserer Führungskräfte. In Zahlen ausgedrückt bedeutet das, dass wir, wenn alle 500 Mitarbeitenden in Vollzeit arbeiten würden, 150 Stellen weniger hätten. Unabhängig davon können diejenigen, deren Arbeit es zulässt, ihre Arbeitszeit frei einteilen. Das hilft zum Beispiel, um unkompliziert Arzt-, Schul- oder sonstige Termine wahrzunehmen, ohne dafür extra freinehmen zu müssen. Viele unserer Mitarbeitenden fangen beispielsweise auch frühmorgens an und hören dafür nachmittags eher auf. Das heißt, wir legen sehr viel Wert darauf, dass jeder sich in seinem persönlichen Lebensentwurf wiederfinden kann.

Auch die Möglichkeit des Homeoffice wird fleißig genutzt. 140 VAUDEler arbeiten regelmäßig von daheim und nehmen sogar von dort an Besprechungen teil. Um das Arbeiten im Homeoffice zu unterstützen, haben wir unsere wichtigsten Konferenzräume mit Videooptionen ausgestattet und uns unter anderem deshalb dazu entschieden, als Unternehmen in die Cloud zu gehen. Das erleichtert den externen Zugriff auf Dokumente und unterstützt eine ortsungebundene digitale Zusammenarbeit. Ein schöner Nebeneffekt besteht darin, dass unsere Mitarbeitenden sich schon aus Eigeninteresse mit den entsprechenden digitalen Tools und Möglichkeiten beschäftigen und Digitalisierung im Kleinen positiv erleben.

Natürlich verläuft eine solche Veränderung der Unternehmenskultur nicht reibungsfrei und ohne Herausforderungen. Zugegeben, wir erleben davon täglich sogar eine ganze Menge. Zum Beispiel können aufgrund der Arbeitsorganisation viele der flexiblen zeitlichen und örtlichen Vorzüge nur von den Mitarbeitenden in der Verwaltung genutzt werden, was sich für die Mitarbeitenden etwa in der Logistik oder der Manufaktur immer wieder ungerecht anfühlt und gelegentlich auch zu Missstimmung führt. Wir reagieren darauf, indem wir den betreffenden Kollegen und Kolleginnen trotz der fixen Arbeitszeiten beispielsweise ermöglichen, dass auch sie flexibel an unseren Sportaktivitäten teilnehmen können. Doch auch in der Verwaltung erweist es sich als schwierig, wenn wir beispielsweise einen gemeinsamen Termin mit mehreren Beteiligten suchen. Der erste arbeitet nur vormittags, die andere ist eigent-

lich im Homeoffice und der nächste ist freitags sowieso nie
da ... Dazu befinden sich jährlich etwa fünfzig unserer 500
Mitarbeitenden in Elternzeit, andere nehmen vielleicht gerade die seit Kurzem existierende Möglichkeit des zweimo-
natigen unbezahlten Urlaubs in Anspruch. Da bleibt der
Frust manchmal nicht aus. Es ist zudem gewöhnungsbedürf-
tig, wenn an manchen Freitagnachmittagen viele Büros wie
leer gefegt wirken. Auf beiden Seiten, bei Mitarbeitenden wie
Führungskräften, hatten und haben wir hier immer wieder
Lernprozesse zu gehen, wie wir zu einem guten Ergebnis für
alle kommen.

Manche Führungskräfte taten sich anfangs schwer, darauf
zu vertrauen, dass auch zu Hause die Arbeit pflichtbewusst
erledigt wird und legten Wert auf Anwesenheit. Einige Mitarbeitenden taten sich hingegen schwer damit zu akzeptieren,
dass es kein Recht auf feste Homeoffice-Tage geben kann. Vor
allem dann nicht, wenn die Anwesenheit im Unternehmen
für gewisse Termine erforderlich ist. Einige unserer Konse-
quenzen aus den bisherigen Erfahrungen sind, dass es seit
einigen Jahren eine schriftliche Betriebsvereinbarung zur Arbeit am Vertrauensort gibt, die das Recht auf Homeoffice offi-
ziell verankert. In ihr ist wiederum geregelt, dass Mitarbeitende ihre Homeoffice-Tage nicht nur mit ihrer Führungskraft
absprechen müssen, sondern auch mit ihrem Team. Sie selbst
müssen dafür Sorge tragen, dass sie erreichbar sind, dass sie
zu Besprechungen entweder dazugeschaltet werden oder vor
Ort anwesend sind. Das klappt mittlerweile ganz gut.

Finanziell wie organisatorisch bedeutet dieser Weg einen
beträchtlichen Mehraufwand für uns, denn weder die Biokantine noch das Kinderhaus, für das wir Fördergelder von
der Stadt Tettnang erhalten, tragen sich selbst. Statt 350 Voll-
zeitstellen betreut unsere Personalabteilung 500 Menschen

und ist immer wieder gefordert, die vielen Stellen während Elternzeiten neu zu besetzen und Rückkehrer einzugliedern. Auch unsere Teams sind ständig in Bewegung, denn einer oder eine ist immer gerade in Elternzeit oder in Auszeit ...

Ich werde oft gefragt, ob so viel Flexibilität und Aufwand für ein Unternehmen überhaupt zumutbar ist. Und natürlich ist es definitiv eine große Herausforderung. Doch zum einen ist regelrecht spürbar, dass sich hier Menschen im Gegenzug mit Leidenschaft, Loyalität und Energie für das Unternehmen und die gemeinsamen Ziele einsetzen. Dafür sprechen nicht zuletzt eine niedrige Krankheits- und Fluktuationsquote. Andererseits eröffnet uns diese bewegliche Ausgangslage, dass wir trotz der generell begrenzten Mittel eines Mittelständlers recht hohe interne Weiterentwicklungsmöglichkeiten bieten können. Allein 2019 konnten wir 25 durch Elternzeit oder aus anderen Gründen frei werdende Stellen, darunter auch Führungspositionen, mit internen Bewerbern besetzen. Zudem herrscht bei uns trotz provinzieller Lage mitten auf dem Land Vollbeschäftigung und wir haben trotz der Konkurrenz durch die zahlungskräftige Industrie im nahen Umkreis zum Glück sehr selten Probleme, unsere ausgeschriebenen Stellen zu besetzen. Wir benötigen meist nur ein minimales Budget für unsere Stellenausschreibungen und bekommen eine Vielzahl an Initiativbewerbungen von Menschen, die gerne bei uns anfangen wollen, weil sie sich mit unserer Firmenphilosophie identifizieren.

Dazu kommt, dass die hohe Flexibilität auch einen entscheidenden Vorteil mit sich bringt: Immer wieder sind wir gezwungen, die Strukturen neu zu justieren, es gibt eine große Bewegung in unseren Teams. Und all dies macht uns wiederum stark, den täglichen kurz- und langfristigen unternehmerischen Herausforderungen als nachhaltige Marke zu

begegnen. Wir bleiben nicht in alten Mustern verhaftet, sondern beweglich und kreativ und sind damit immer wieder in
der Lage, gemeinsam zukunftsfähige Lösungen zu erarbeiten.
Und nicht zuletzt macht genau das einfach viel Spaß!

NACHHALTIGKEIT ALS MISSION

»Super wäre es, wenn du uns als Auftakt deine Vision für die Zukunft schilderst!« Diese Frage gab mir unser Produktverantwortlicher Carsten für unsere gemeinsame Klausur im Kreis der künftigen Geschäftsleitung mit. Wir wollten in diesem Rahmen gemeinsam einen Zehnjahresplan mit strategischen Zielen erstellen. Ich empfand es als enorme Herausforderung, meine Vision in Worte zu fassen, doch zugleich auch als großen Ansporn und echte Chance, ein Bild für die Zukunft von VAUDE zu entwerfen. Genau diese Gestaltungsfreiheit war es ja, die mich an der Aussicht, die Firma meines Vaters zu übernehmen, so gereizt hatte. Rückblickend bin ich Carsten dankbar für seinen Impuls, denn ohne ihn hätte ich mir vermutlich nicht so gründlich Gedanken gemacht und nicht den Mut gehabt, meine Vision vor den erfahrenen Kollegen und Kolleginnen auszusprechen.

Das passende Bild für meine Vision hatte ich relativ schnell und klar vor Augen: Ich wollte VAUDE weiterhin zu einer starken Marke mit tollen Produkten machen. Im Kern jedoch wollte ich es wie ein Glashaus gestalten, völlig transparent und bereit, überall Einblick zu gewähren: ob hier am Standort oder weltweit in unseren Produktionsstätten. Einfach weil es nichts zu verstecken gibt und werteorientiert mit konsequenter Rücksicht auf Mensch und Natur gewirtschaftet wird. Ich hatte das Bild eines durch und durch nachhaltigen Unternehmens vor Augen und wollte objektiv sicherstellen, dass unsere Produkte ökologisch und fair hergestellt wurden.

Gleichzeitig hatte ich auch Respekt davor, diese idealistische Vorstellung eines gläsernen Unternehmens mit meinen zukünftigen Kollegen der Geschäftsleitung zu teilen. Ich fühlte mich auf diesem Gebiet als Anfängerin, hatte in Sachen Nachhaltigkeitsmanagement weder Berufserfahrung noch große Erfolge vorzuweisen. Ich fragte mich, was sie davon halten würden. Würden sie es als zu idealistisch und blauäugig empfinden? Vielleicht zwar zustimmen, dass dies ehrbare Vorsätze seien, die reale Welt der Wirtschaft aber nach anderen Regeln funktioniere und man damit leider kein Geld verdienen könne? All diese Fragen beschäftigten mich, als ich schließlich vor ihnen stand und meine Vision vorstellen sollte. Ich war sehr nervös.

Zu meiner großen Erleichterung fielen meine Gedanken, VAUDE in den nächsten Jahren zu einem durch und durch nachhaltigen Outdoor-Ausrüster zu machen, auf fruchtbaren Boden. Meine drei Kollegen gingen ganz pragmatisch an die Sache ran. Gemeinsam machten wir uns noch an diesem Abend daran, zu überlegen, wie wir einen solchen Weg konkret umsetzen könnten. Viele Grundsteine einer nachhaltigen Ausrichtung hatte bereits mein Vater mit seinem Team gelegt. So hatte VAUDE 1994 unter der Federführung von Stefan sortenreine Bekleidung und Rucksäcke aus Polyester auf den Markt gebracht und das eigene Recyclingnetzwerk Ecolog aufgebaut, in dem die gebrauchten Produkte über den Fachhandel gesammelt und von Industriepartnern wiederverwertet werden sollten. Sowohl die sortenreine Produktentwicklung als auch die Idee des geschlossenen Kreislaufs waren eine riesengroße Innovationsleistung. Viel Kraft und Ressourcen waren in dieses Projekt geflossen. Der Knackpunkt war jedoch, dass die Produkte quasi ewig hielten und wir viel zu wenig ausgemusterte Produkte zurückerhielten, um den Kreislauf wirklich in Gang zu setzen. Bestimmt spielte es auch eine Rolle, dass die Kunden es noch nicht gewohnt waren, die Produkte nach Gebrauch an ihren Fachhändler zurückzugeben. In gewisser Weise war Ecolog damit seiner Zeit voraus.

Auch in Sachen Schadstoffmanagement war VAUDE bereits Pionier. Schon seit 2001 waren wir innerhalb der Sportindustrie der erste Partner des Bluesign-System geworden, einem der strengsten Nachhaltigkeitsstandards für Textilien. Anders als andere Textilstandards funktioniert es wie ein Reinheitsgebot, das heißt, nicht erst das fertige Produkt wird auf Schadstoffe überprüft, sondern es ist bereits von Anfang an streng geregelt, dass bei der Herstellung sämtlicher Bestandteile eines Produkts, zum Beispiel Garne, Hauptmaterial oder Knöpfe, keine schädlichen Substanzen verwendet werden. Damit ist nicht nur das fertige Produkt, sondern auch der gesamte Produktionsprozess mit Abwasser, Abluft und dazugehörigem Arbeitsplatz so sauber und sicher wie möglich. Zudem geht es darum, Energie-, Wasser- und Rohstoffverbräuche in der gesamten Lieferkette nach dem modernsten Stand der Technik zu minimieren.

VAUDE hatte sich also bereits 2001 darauf verpflichtet, das Bluesign-System in einem Stufenplan nach und nach für alle Produkte umzusetzen. Wir stellten jedoch fest, dass das in der Praxis nicht ganz so einfach war. Die Gründe dafür waren vielfältig. Um Bluesign-Produkte anbieten zu können, mussten wir sämtliche am Produkt beteiligten Produzenten und Lieferanten gemäß dieses Standards zertifizieren. Wir waren mit diesem Vorhaben bisher auf zwei Antworten gestoßen: Die einen Lieferanten sagten uns, dass sie diesen Aufwand und die Kosten der Zertifizierung auf keinen Fall auf sich nehmen würden, denn wir seien die Einzigen, die danach fragten. Die anderen boten an, sich zertifizieren zu lassen, wenn wir die Kosten dafür übernehmen würden. Die Folge war, dass wir es bis 2008 nicht geschafft hatten, mehr als unsere Unterwäschekollektion zu zertifizieren.

Je tiefer wir uns also an diesem Abend mit dem Status quo und unseren Nachhaltigkeitserfahrungen bei VAUDE beschäftigten, desto klarer wurde uns, dass wir etwas grundlegend verändern mussten, wenn wir diesen Weg nicht nur weitergehen, sondern sogar intensivieren wollten. Viel Aufwand, Geld und Innovationskraft war bereits in diese Themen geflossen, ohne dass die Umwelt oder VAUDE davon profitiert hätten. Wir landeten schließlich bei der Frage: ganz oder gar nicht? Denn, so unsere Überlegung, wenn wir uns auf einen solchen Weg einlassen sollten, dann mussten wir so konsequent und verlässlich in unserem Engagement sein, dass unsere Marke und unsere Produkte diese Werte ausstrahlten. Nur dann konnten wir damit rechnen, dass unser Engagement von unseren Kunden wahrgenommen, als Mehrwert empfunden und nachgefragt werden würde. Und nur dann rechneten wir uns eine Chance aus, dass wir uns diesen schwierigen Weg überhaupt leisten konnten. Zu meinem großen Glück waren wir uns alle sofort einig: Wir machen es ganz!

Von dieser Entscheidung zu den nächsten Schritten zu gelangen fiel uns nicht schwer. Wir stellten noch am selben Abend die Eckpfeiler für die kommenden Jahre auf. Um uns zu motivieren, uns zu messen und unserem Handeln einen roten Faden zu geben, setzten wir uns das anspruchsvolle Ziel, bis 2015, also innerhalb der nächsten sechs Jahre, Europas nachhaltigster Outdoor-Ausrüster zu werden. Diesen Anspruch untermauerten wir mit Stichworten wie: größtmögliche Transparenz und Kontrolle, höchste Qualitätsstandards sowie Einhaltung von ökologischen und sozialen Rahmenbedingungen. In den kommenden Wochen wollten wir hieraus konkrete ökologische und soziale Ziele für die nächsten Jahre ableiten. Wir waren hoch motiviert und voller Tatendrang. Es fühlte sich super an!

Im Nachgang zu unserer Klausur machten wir uns sehr konkrete Gedanken darüber, wie wir weg von einzelnen nachhaltigen Themen und Projekten hin zu einem ganzheitlichen Ansatz kommen könnten. Es sollte einerseits sichergestellt werden, dass wir systematisch erarbeiten, wo und wie wir gemäß unseren Zielen Verantwortung übernehmen würden. Andererseits wollten wir gewährleisten, dass unser Engagement durch Verantwortlichkeiten und Prozesse komplett im Unternehmen verankert wäre. Jan hatte in seiner Zeit vor VAUDE in einer Nachhaltigkeitsberatung gearbeitet. Er brachte wertvolle Expertise mit, auf der wir aufbauen konnten. Auf seinen Impuls hin gründeten wir unser interdisziplinäres Nachhaltigkeitsteam aus Mitarbeitenden verschiedener Unternehmensbereiche und Hierarchien, die mit ihrem jeweiligen Fachwissen, Themen einbringen und für die Umsetzung der Nachhaltigkeitsziele in ihren Verantwortungsbereichen verantwortlich sein sollten. Wir benannten dann auch Jan in seiner neuen Funktion als Geschäftsleiter Vertrieb und Nachhaltigkeit zum Leiter dieses Teams. Somit stellten wir sicher, dass nachhaltige Themen bei der Geschäftsleitung angesiedelt und zudem breit im Unternehmen und im Alltagsgeschäft verankert waren.

Wir entschieden uns außerdem dafür, das Umweltmanagementsystem der Europäischen Union, EMAS (Eco-Management and Audit Scheme), als weitere wichtige, systemische Grundlage unseres Nachhaltigkeitsengagements einzuführen. Dieser Schritt bedeutete, alle Geschäftsprozesse am Standort zu durchleuchten, sämtliche Verbräuche zu erfassen und auszuwerten, wo Handlungsbedarf bestand, und systematisch Ziele und Maßnahmen abzuleiten. Das hört sich vielleicht ein bisschen mühsam und anstrengend an – und im ersten Schritt war es das tatsächlich auch. In unserer Organisation wurde schnelles Entscheiden und Handeln, Kreativität und Erfindungsgeist geschätzt. Diese streng-systematische Vorgehensweise, die dann auch noch von Externen überprüft und bewertet wurde, erlebten viele zunächst als einen kleinen Kulturschock. Wir taten uns auch schwer, den internen Verantwortlichen, beispielsweise aus der Manufaktur oder der Instandhaltung, die mit der Einführung von EMAS lauter zusätzliche ungeliebte Aufgaben bekamen, den Sinn und Zweck sofort glaubhaft zu vermitteln. Die Vision, dass wir der nachhaltigste Outdoor-Ausrüster werden wollten, hatte zu Beginn noch wenig Zugkraft.

Die ersten Schritte gestalteten sich daher unheimlich zäh. Gleichzeitig war jedoch klar, dass diese gewissenhafte Erarbeitung die Grundlage war, um später Handlungsbedarfe zu erkennen, Einsparungsmaßnahmen oder einen Umstieg auf umweltfreundlichere Technologien einzuleiten. Es ist der hartnäckigen Überzeugungskraft, der Fachkenntnis und dem hohen Engagement unserer Nachhaltigkeitsverantwortlichen Hilke zu verdanken, die mit dem Leitspruch »Miss es oder vergiss es« das Prinzip gegen die anfänglichen Widerstände bei uns verankerte. Ich bin ihr sehr dankbar dafür, diese wertvolle Grundlage geschaffen zu haben, denn ich muss zugeben, auch ich hatte beim Thema Nachhaltigkeit eher motivierende Maßnahmen für eine lebenswerte Welt im Kopf, als mit bürokratischem Aufwand Tabellen mit Zahlen zu befüllen.

Auch an anderer Stelle im Unternehmen rannten wir mit unserer Vision keine offenen Türen ein. Zwar erhielten wir grundsätzlich Zustimmung für unsere Vision, sobald aber deutlich wurde, was das Ganze in der Umsetzung an zusätzlichem Aufwand bedeutete, machte sich Skepsis breit. Unsere Mitarbeitenden fragten sich und manchmal auch uns:»Meint ihr das wirklich ernst oder ist das nur ein Marketinggag?«, oder:»Wisst ihr wie viel Aufwand das generiert? Lohnt sich das oder fällt euch nächstes Jahr wieder etwas Neues ein?« Es galt also, ganz viel Überzeugungsarbeit zu leisten. Es war von Anfang an klar, dass es nur funktionieren konnte, wenn möglichst alle mitziehen. Unser Nachhaltigkeitsengagement musste für den Einzelnen nachvollziehbar sein. Alle sollten Lust auf das Thema bekommen und es als sinnstiftend erkennen. Es raubt Energie und nährt Zynismus, wenn man ständig nur die Beispiele vor Augen hat, die eben nachweislich nicht nachhaltig sind. Warum sich im Großen einsetzen, wenn es doch schon im Kleinen nicht gelebt wird?

Mit dieser Erkenntnis vor Augen, versuchten wir neben der Einführung von nachhaltigen Managementsystemen, strategischen Zielen und unserer langfristigen Vision, gleichzeitig direkt wahrnehmbare Veränderung in unserem Umfeld zu schaffen: Wir stellten unseren Kaffee auf fairen Biokaffee um, unser Papier auf 100 Prozent Recyclingpapier, wechselten auf biologisch abbaubare Reinigungsmittel, sorgten für nachvollziehbare, ordentliche Mülltrennung oder bestückten unser Dach mit Photovoltaikanlagen. Nach und nach überzeugten wir die VAUDEler mit dieser Mischung aus dem großen systemischen und sehr langfristig gedachten Ansatz und den vielen kleinen Maßnahmen vor Ort, die schneller sichtbar wurden, sich gut anfühlten und direkt zeigten, dass etwas passierte. Nach und nach wurde spürbar, wie das Bewusstsein Einzug in alle Bereiche hielt und sich überall Veränderungen bemerkbar machten: In der Logistik wurden erste Überlegungen angestellt, wie grüne Logistikkonzepte aussehen konnten; die IT machte sich auf den Weg, ihre Serverlandschaft so zu verändern, dass nur noch die Hälfte der Energie verbraucht wurde. Es ging voran!

Am eindrücklichsten ist mir jedoch das Beispiel unseres früheren Chefs der Instandhaltung in Erinnerung. Klaus war Mitarbeiter der ersten Stunde bei VAUDE. Er hielt das ganze Ökodenken für eine vorübergehende Modeerscheinung und stand unserem neuen Weg zunächst äußerst kritisch gegenüber. Nach zwei Jahren kam er jedoch eines Tages zu mir ins Büro und fragte mich, ob er mir etwas zeigen könne. Mit sichtlicher Freude packte er einen Plan aus und sagte etwas in der Art:»Ich bin zwar kein Öko, aber schlecht finde ich das auch nicht. Ein bisschen grün bin ich schon auch!« Und dann hat er mir seinen Plan erklärt, wie wir sämtliche Beleuchtungssysteme auf energiesparende LED-Lampen umstellen könnten und wie dies machbar sei, ohne dass wir dafür riesige Investitionen vornehmen mussten. Ich war überrascht und begeistert zugleich. Für mich war das ein Zeichen, dass unsere interne Überzeugungsarbeit nun Früchte trug und tatsächlich ansteckend war.

Ein großer Meilenstein auf dem Weg, unsere Mitarbeitenden mitzunehmen, war auch die Einführung unseres Mobilitätskonzepts. Da unser Unternehmen idyllisch, aber ländlich in einem Dorf ohne gute Infrastruktur liegt, kamen fast alle, die nicht in unmittelbarer Umgebung wohnten, mit dem Auto zur Arbeit. Jahr für Jahr bauten wir zusätzliche Parkplätze, um den Bedürfnissen der wachsenden Belegschaft gerecht zu werden. Das fühlte sich nicht gut an. Wir wussten dank unserer umfassenden Zahlenarbeit bereits, dass das Thema Pendelverkehr einer der größten Emissionsverursacher am Firmensitz war. Wir wollten daher eigentlich kein zusätzliches Geld für ein Thema ausgeben, bei dem wir unsere Ökobilanz in jeglicher Hinsicht verschlechterten. Daher beschlossen wir 2011, statt weiter in Parkplätze lieber in grüne Mobilität zu investieren. Zu der Zeit planten wir gerade den kompletten Umbau unseres Verwaltungsgebäudes. Wir setzten uns als Ziel, im Zuge des Umbaus bis 2015 die Fläche im Innenhof, auf der bis zu sechzig Autos parkten, in eine Grünfläche umzuwandeln.

Die nächsten Schritte folgten rasch und machten Spaß: Da unsere Landschaft sehr hügelig ist und es somit häufig eine zusätzliche Überwindung darstellt, auf das Fahrrad zu wechseln, schafften wir einen E-Bike-Pool an und stellten die E-Bikes unseren Mitarbeitenden über ein Verleihsystem zur Verfügung. Der Plan war, damit möglichst viele dazu zu bewegen, das Fahrrad als alternatives Verkehrsmittel zur Arbeit einfach mal auszuprobieren. Um den langfristigen Wechsel zu unterstützen, führten wir JobRad ein, eine kostengünstige Möglichkeit für Mitarbeitende, Räder zu leasen. Parallel dazu schufen wir überdachte Abstellmöglichkeiten für Fahrräder und integrierten den Ausbau von dezentralen Dusch- und Umkleidemöglichkeiten in den geplanten Umbau. Wir lernten nämlich ziemlich schnell, dass das die beiden wichtigsten Kriterien sind, an denen es sich letztendlich entscheidet, ob jemand wirklich umsteigt. Auch um andere Formen der Mobilität machten wir uns Gedanken: Die Parkplätze, die am nächsten am Firmengebäude lagen, wurden (bis auf den Parkplatz für meinen Vater) bewusst nicht für Führungskräfte oder die Geschäftsleitung ausgewiesen, sondern für Fahrgemeinschaften – als Motivation, das eigene Auto zu teilen und sich bei der Fahrt zum Unternehmen zusammenzuschließen. Mit Erfolg: Um die 60 000 Kilometer werden mittlerweile durch unsere Fahrgemeinschaften zurückgelegt! Gleichzeitig begannen wir den Dialog mit dem Busunternehmen vor Ort, um dazu beizutragen, dass Obereisenbach neben dem Schulbus an den öffentlichen Nahverkehr angeschlossen würde. Tatsächlich haben wir heute immerhin eine stündliche Anbindung an Tettnang! Auch wenn wir festgestellt haben, dass der Umstieg auf den ÖPNV, mit nicht einmal 20 000 Kilometern die am wenigsten genutzte Verkehrsalternative ist, ist diese Verbindung für uns sehr wertvoll, da sie für manche quasi schon Einstiegsvoraussetzung ist: Es gibt einige junge Mitarbeitende, die bewusst auf ein Auto verzichten und teilweise noch nicht einmal mehr einen Führerschein besitzen.

Um dem ganzen Thema Mobilität eine gewisse Leichtigkeit zu verschaffen und es im Bewusstsein zu halten, führten wir zu guter Letzt noch unser Mobilitätslotto ein. Jede Woche wurde per Zufallsgenerator eine Person ausgelost, gefragt, wie sie zur Arbeit gekommen sei – und bei umweltfreundlicher Anreise mit einem kleinen Geschenk überrascht und ein Foto von ihr in unserem Intranet veröffentlicht. Diese Mischung aus Unterstützung von Alternativen einerseits und Verknappung von Parkplätzen andererseits trug dazu bei, dass sich wirklich alle mit der Thematik beschäftigten. Denn die Frage, wie komme ich zur Arbeit, betrifft jeden – auch ich setze mich damit auseinander. Man kann nicht von den anderen erwarten, umweltfreundlich zur Arbeit zu gelangen, wenn die Geschäftsleitung täglich im Auto vorfährt. Also stieg auch ich wie schon zu meiner Schulzeit wieder konsequent aufs Rad um und genieße es seitdem sehr. Es ist ein wunderbarer Ausgleich vor und nach der Arbeit und macht den Kopf frei. Alle gemeinsam erreichten Radkilometer sind insgesamt unsere größte Erfolgsgeschichte beim Thema Mobilität: Bis zu 80 000 Kilometer radeln wir VAUDEler pro Jahr zur Arbeit – fast zwei Mal um die Welt! Als 2015 dann tatsächlich sechzig Parkplätze abgeschafft wurden, war der Widerstand im Unternehmen verhältnismäßig gering. Die Alternativen hatten sich bereits gut eingespielt.

Parallel zur Einführung des Mobilitätskonzepts, nur wesentlich umfangreicher und kostspieliger, vollzogen wir in diesen Jahren den Um- und Ausbau unserer Räumlichkeiten. Dies war nicht zuletzt deshalb nötig geworden, um der über die letzten zehn Jahre stark gewachsenen Anzahl an Mitarbeitenden gerecht zu werden. Wir platzten aus allen Nähten und hatten auch das Bedürfnis, die Räumlichkeiten stärker auf unsere veränderte Form der Zusammenarbeit auszurichten. Wir verstanden diese Notwendigkeit auch als große Chance, unsere nachhaltigen Werte und unsere Leidenschaft für die Natur und den Bergsport nach innen wie außen in unseren Gebäuden greifbar zu machen.

Der Umbau wurde zum Großprojekt unseres Finanzchefs Erwin, der sich in der Folge zu einem leidenschaftlichen Verfechter für nachhaltiges Bauen und mitarbeiterfreundliche Arbeitswelten entwickelte. Er koordinierte mit großem Einsatz die einzelnen Bauabschnitte, die über drei Jahre während des laufenden Betriebs stattfanden, da wir uns bewusst entschieden hatten, im Bestand umzubauen und nicht neu zu bauen, was deutlich günstiger und einfacher gewesen wäre. Dieses bauliche Großprojekt stellte zu dem Zeitpunkt die bisher größte Investition von VAUDE dar und würde uns finanziell über viele Jahre belasten. Das war uns allen sehr deutlich bewusst. Dennoch entschieden wir uns nicht nur dazu, eine Biokantine als Vollküche einzubauen, sondern den gesamten Umbau auch nach den Richtlinien der Deutschen Gesellschaft für Nachhaltiges Bauen zu gestalten und zertifizieren zu lassen. Das waren angesichts der finanziellen Tragweite keine leichten Entscheidungen. Ich bin froh, dass wir auch hier Konsequenz gezeigt und unsere nachhaltige Ausrichtung in Form von Lebensqualität in unserem Gebäude sichtbar und fühlbar gemacht haben. In unserer Biokantine »Mittagsspitze« werden wir seither täglich frisch mit regional und nachhaltig produzierten Lebensmitteln bekocht, sie hat sich zum Lebensmittelpunkt unseres Unternehmens entwickelt. Durch die Zertifizierung wiederum setzten wir den Fokus auf nachweislich umweltfreundliche Materialien wie dem aus Meeresmüll recycelten Teppichboden oder dem FSC-zertifiziertem Holz aus regionalem Anbau. Wir beschäftigten uns sehr intensiv mit Faktoren wie optimale Licht- oder Schallschutzverhältnisse: Naturbelassenes Holz, an Felswände erinnernder Sichtbeton, viel Licht, Pflanzen und offene Raumkonzepte dominieren heute unsere Open-Space-Büroflächen. Es gibt Rückzugsmöglichkeiten, aber auch spezielle Bereiche, die zur Kommunikation einladen wie Kaffee-Lounges und schallgedämpfte Sofaecken. Ebenfalls im Zuge des Umbaus wandelten wir die ehemalige Parkfläche im Innenhof unserer Gebäude in eine blumen- und artenreiche Magerwiese mit Sitzmöglichkeiten um und errichteten im Zentrum eine Kletterwand. Sie steht mit ihren vielen Routen für Anfänger und Fortgeschrittene nicht nur den VAUDElern zur Verfügung, sondern ist, wie unsere Kantine auch, für externe Besucher offen. Unser Standort hat sich mit diesem Umbau zu einem Symbol für unsere Werte entwickelt, an dem man sich sofort wohlfühlen kann und der viele Gäste anzieht.

Diese Maßnahmen am Standort waren aber erst der Anfang. Denn es war klar, dass die Kernaktivität unseres nachhaltigen Engagements auf unseren Produkten liegen würde; hier hatten wir als Anbieter von Outdoor-Bekleidung, Rucksäcken, Zelten und anderen Ausrüstungsgegenständen den größten Einfluss – und auch die größte Verantwortung. Uns war bewusst, dass sich unsere Glaubwürdigkeit als engagierte

Marke natürlich daran bemessen würde, wie ökologisch und fair unsere Produkte hergestellt werden. Unser Ziel war es, unsere externen Produktionsstätten objektiv nach dem strengsten Standard beurteilen zu lassen. Wir haben zwar eine eigene Manufaktur am Standort in Obereisenbach, in der ungefähr fünfzig Mitarbeitende Radtaschen und Rucksäcke nähen und schweißen. 95 Prozent der Produkte werden jedoch in externen Produktionsstätten hergestellt: etwa 20 Prozent in Europa und 80 Prozent in Asien. Hier stellt sich den meisten Menschen sofort die Frage, warum wir nicht einfach in Deutschland oder wenigstens in Europa produzieren.

Wir beschäftigen uns – auch aus betriebswirtschaftlichen Gründen – mit der gleichen Frage. Wenn wir hier produzieren, haben wir eine größere Nähe zu den Produktionsstätten, kürzere Transportwege und -zeiten und können auch kleinere Produktionsmengen in Auftrag geben. Das heißt, wir können flexibler auf Nachfragen reagieren, sind schneller vor Ort und minimieren, indem wir keine wochenlangen Transportwege mit dem Schiff in Kauf nehmen müssen, kapitalintensive und risikoreiche Vorfinanzierungen unserer Produkte, ohne zu wissen, wie viele wir davon eigentlich verkaufen werden. Daher haben wir seit vielen Jahren das Ziel, so viel wie möglich in Europa zu produzieren. Das fällt uns jedoch aus zwei Gründen sehr schwer. Zum einen spielen natürlich die Kosten eine Rolle. Die Herstellungskosten textiler Produkte beinhalten auch aktuell noch einen sehr hohen Anteil an manueller Arbeit. Gerade bei unseren aufwendigeren technischen Produkten muss man mit hohen Mehrkosten rechnen. Unserer Erfahrung nach tun sich unsere Kunden jedoch schon mit kleineren Preissteigerungen sehr schwer, unsere Produkte werden dann schlicht nicht mehr gekauft. Noch gravierender ist zum anderen die Tatsache, dass sich seit Ende der Achtzigerjahre der Großteil der globalen Textilproduktion nach Asien verlagert hat. Das heißt, einige der spezialisierten Produktionsstätten, die wir für die Herstellung funktioneller Outdoor-Bekleidung, Zelte oder Rucksäcke benötigen, gibt es gar nicht in Deutschland oder in Europa. Wenn ja, dann befinden sich die eingesetzten Materialien trotzdem in Asien und müssen für die Produktion hierher transportiert werden. Deshalb liegt unser Fokus im Moment schwerpunktmäßig auf der Frage, wie wir es schaffen, in Asien faire Arbeitsbedingungen zu garantieren, hinter denen wir mit unseren Werten stehen können.

Bei uns, obwohl scheinbar nur ein überschaubares, mittelständisches Familienunternehmen, bedeutete das im ersten Schritt, die Arbeitsbedingungen bei damals immerhin 65 Produzenten sicherzustellen. Darunter auch die Produktionsstätte für Rucksäcke, die mein Vater im Zuge der Unternehmensübergabe in Vietnam aufgebaut hatte. Wir hatten mit den meisten unserer anderen Produzenten bereits seit vielen Jahren zusammengearbeitet, sie persönlich ausgesucht, pflegten gute Geschäftsbeziehungen und waren durch Besuche unserer Teams in Deutschland und Asien häufig vor Ort. Zudem brachte es die technisch aufwendige Herstellung von Funktionsbekleidung und Outdoor-Ausrüstung mit sich, dass die Produktionsstätten maschinell höherwertig und dadurch insgesamt hochwertiger aufgestellt waren als beispielsweise in der klassischen Modebranche und Fast-Fashion-Industrie. Klassische Herausforderungen der Textilindustrie wie Kinderarbeit waren hier kein Thema. Wir waren daher in dem sicheren Bewusstsein, dass wir bereits faire Arbeitsbedingungen vorzuweisen hatten. Es ging uns vor allem darum, das objektiv vergleichbar und glaubwürdig nach außen zeigen zu können.

Während wir nach dem geeigneten Standard suchten, veröffentlichte die Nichtregierungsorganisation Clean Clothes Campaign 2009 eine Studie über die kritischen Arbeitsbedingungen in der Outdoor-Branche. Auch VAUDE wurde hier erwähnt. Generell beklagte die Studie den Mangel an unabhängigen Kontrollen und die Sicherung von existenzsichernden Löhnen bei den meisten Marken der Outdoor-Branche. Bei uns wurde außerdem speziell die Tatsache, dass eine unserer Produktionsstätten in Myanmar lag, deutlich kritisiert. Für uns und unseren Auswahlprozess kam die Kampagne zu einem sehr ungünstigen Zeitpunkt. Zum einen waren wir intern eigentlich der Überzeugung, dass die Arbeitsbedingungen in unseren Produktionsstätten, auch in Myanmar, wirklich gut waren und dass sie gerade dort auch zur Existenzsicherung der Menschen beitrug. Zum anderen befanden wir uns gerade auf dem Weg zu extern überprüfbaren Sozialstandards. Die Clean Clothes Campaign erkannte eigentlich nur eine mögliche Vorgehensweise an, um der sozialen Verantwortung gerecht zu werden: sich als Unternehmen der gemeinnützigen Organisation Fair Wear Foundation anzuschließen und die Arbeitsbedingungen der Produktionsstätten gemäß ihren Kriterien bewerten und beurteilen zu lassen. Tatsächlich hatten auch wir die Fair Wear bereits in der engeren Auswahl. Die Vorstellung jedoch, dort »hineingezwungen« zu werden, zumal von der Clean Clothes Campaign als der Gründungsorganisation und einem Mitglied im Lenkungsausschuss dieser Initiative, fühlte sich für viele zunächst nicht gut und richtig an. Es bedeutete ja gleichsam, sich der Organisation »auszuliefern«, die uns gerade öffentlich kritisiert hatte. Es dauerte tatsächlich noch ein weiteres Jahr, bis wir intern alle überzeugt waren, diesen Weg trotzdem zu gehen.

Im Rückblick war es meiner Meinung nach die richtige Entscheidung: Die Fair Wear Foundation zählt zu den anerkanntesten und strengsten Standards im Bereich sozialer Verantwortung in der textilen Lieferkette und ich bin ein bekennender Fan ihrer Arbeitsweise. Die Unternehmen verpflichten sich, kontinuierlich daran mitzuwirken, dass die Arbeitsbedingungen in den Produktionsstätten weltweit frei wählbare Beschäftigung, existenzsichernde Löhne, Schutz vor Diskriminierung und Vereinigungsfreiheit bieten. Sie müssen außerdem gewährleisten, dass keine Kinderarbeit stattfindet, angemessene Arbeitszeiten eingehalten werden und insgesamt sichere und gesunde Arbeitsbedingungen und rechtsverbindliche Arbeitsverhältnisse herrschen.

Ein Unternehmen muss außerdem innerhalb von drei Jahren 90 Prozent seiner Produktionsstätten überprüfen lassen und die Ergebnisse veröffentlichen. Zusätzlich wird in jeder Produktionsstätte die Möglichkeit für Mitarbeitende eingerichtet, sich anonym und direkt bei der Fair Wear Foundation über die Arbeitsbedingungen zu beschweren. Auch das Unternehmen selbst wird jährlich auditiert, um den Einfluss seiner Arbeit auf die Bedingungen in der Lieferkette zu überprüfen und zu verbessern.

Es war schwer, dies alles bei uns umzusetzen. Das Gefühl der Überforderung war bei den Verantwortlichen zu Beginn verständlicherweise groß: Die Audits und die daraus resultierenden und zu begleitenden Verbesserungsprozesse stellten ein völlig neues Aufgabenfeld dar und erforderten einen hohen personellen und finanziellen Aufwand. In den Folgejahren rüsteten wir unter dem tatkräftigen Engagement von Desi, unserer Leiterin des zentralen Einkaufs, unser deutsch-asiatisches Produktionsteam kompetenz- und ressourcenmäßig auf und widmeten uns systematisch den aufkommenden Themen. Ich persönlich habe in diesem völlig neuen Aufgabenfeld des Managements der sozialen Verantwortung viel dazugelernt: Ja, es hatte sich bewahrheitet, dass Kinderarbeit nicht wirklich zu den Herausforderungen in unserer Lieferkette gehörte. Dafür hatten wir aber mit anderen Problemen zu kämpfen wie der kontinuierlichen Arbeit an existenzsichernden Löhnen, der Abschaffung exzessiver Überstunden oder der Sicherstellung von Gesundheits- und Sicherheitsaspekten in den Produktionsstätten.

Letztendlich war es die Mühe wert und hat sich für uns als der richtige Weg erwiesen. Mittlerweile sind 100 Prozent unserer Produktionsstätten auditiert und wir haben für unsere Arbeit seit mehreren Jahren in Folge den »Leader Status« erhalten. Das ist der höchste Status, den die Fair Wear Foundation aufgrund der Audits bei ihren Mitgliedsunternehmen vergibt. Wie jedoch in allen Bereichen unseres Engagements ist es nichts, auf dem wir uns ausruhen können. Es gilt auch hier, kontinuierlich an der weiteren Verbesserung der Arbeitsbedingungen zu arbeiten.

Parallel zur sozialen Verantwortung widmeten wir uns der ökologischen Seite der Produktentstehung. Gemäß den Studien von Greenpeace hat sich die Textilindustrie zum zweitgrößten Wasserverbraucher und -verschmutzer in den asiatischen Produktionsländern entwickelt. 3500 krebserregende, hormonell wirksame oder anderweitig giftige Chemikalien würden demnach von der Textilindustrie eingesetzt, um Rohmaterialien zu Bekleidung zu verarbeiten. Das waren nicht die einzigen Herausforderungen. Für die Herstellung von Outdoor-Produkten setzen wir eine Vielzahl unterschiedlichster Materialien ein: von Kunstfasern wie Polyester oder Polyamid zu Naturmaterialien wie Leder, Daune, Wolle oder Baumwolle, Metalle wie Aluminium etc. Jedes Material barg in seiner Herstellung eigene Baustellen ...

Für uns ging es in den nächsten Jahren um die Bewertung der Umweltfreundlichkeit von Chemikalien und Anbauweisen, die Zertifizierung verschiedenster Materialien und Produktionsprozesse und die Sicherstellung sauberer und sicherer Produktionsstätten. Wir wollten für unsere Produktentwicklung klare Richtlinien und Vorgaben zur Verfügung stellen. Ebenso sinnvoll erschien es uns, unsere Kunden nicht mit einer Standard- und Label-Vielfalt zu verwirren und zu überfordern. Daher entschieden wir uns, basierend auf strengen Textil- und Umweltstandards wie beispielsweise Bluesign, ein eigenes Meta-Siegel namens Green Shape zu schaffen.

Wir erarbeiteten uns dafür einen umfassenden Kriterienkatalog für den Einsatz und die Produktion von umweltfreundlichen Materialien und ein sehr strenges Bewertungssystem für nachhaltig hergestellte Produkte. Dahinter steckten wieder einmal Unmengen an Daten und Fakten, die ein sehr spezielles Material- und Chemikalien-Knowhow erforderten. Oftmals konnten wir gerade in der Frage der Bewertung von verschiedenen Naturmaterialien Unterstützung und Beratung durch Experten unseres langjährigen, damaligen Kooperationspartners World Wildlife Fund (WWF) einholen. Um die eigenen hohen Anforderungen an Chemikaliensicherheit und Schadstofffreiheit durch eigene Expertise und Kontrollsysteme wie Schadstofftests bei Materialien und Abwassertests bei unseren Produzenten erfüllen zu können, bauten wir intern unter der Leitung von Bettina unser eigenes Chemikalienmanagement als Teil des Qualitätsmanagements auf. Ab 2009 setzten wir uns intern nun Jahr für Jahr klare Ziele, wie groß der Anteil an Green-Shape-Produkten in unserer Kollektion sein sollte.

Widerstand war zum treuen Begleiter auf unserem Weg zu mehr Nachhaltigkeit geworden, daran hatten wir uns schon gewöhnt. Im Vergleich zu dem, was nun kam, war das aber höchstens eine sanfte Brise gewesen, die uns entgegenwehte. Nun erwartete uns ein Sturm. Unsere Verantwortlichen für Produktentwicklung und Produktion hatten sehr große Vorbehalte und zeigten sich extrem besorgt. Sie mussten sich mit langjährigen verlässlichen Produzenten auseinandersetzen, die diesen Weg nicht unterstützen und sich nicht auditieren lassen wollten. Verlangten wir nun etwa, dass man sich von diesen trenne? Gleichzeitig fühlten sich unsere Produktmanager in ihrer Entwicklungsfreiheit stark eingeschränkt. Sie stießen auf enorme Schwierigkeiten, überhaupt noch Materialien zu finden, die den Green-Shape-Kriterien entsprachen. Wenn doch, dann waren die Preissteigerungen im Vergleich zu herkömmlichen Materialien enorm. Unsere Vertriebskollegen spiegelten uns gleichzeitig wider, dass der Markt und unsere Kunden auf keinen Fall bereit wären, mehr für ökologische Produkte zu bezahlen, da die Nachfrage quasi gleich null sei. Auch unsere langjährigen Bankpartner zeigten sich besorgt: Es war deutlich absehbar, dass dieser Weg unsere Gewinnmarge deutlich verringern würde. »Mit so einem Schmarren kann man doch kein Geld verdienen!«, äußerte einer unserer Bankpartner skeptisch. Mehr als einmal wurden wir gefragt, ob wir uns das auch gut überlegt hätten.

Diese großen Zielkonflikte führten in den ersten Jahren zu intensiven Streitgesprächen und heftigen Konflikten, die anfangs oftmals auch in persönlichen Angriffen und Verletztheit zwischen den Beteiligten mündeten. Wir lernten erst langsam, als gesamte Organisation mit solchen existenziellen Zielkonflikten umzugehen: zu akzeptieren, dass schwarz-weiße Sichtweisen und Lösungen uns nicht voranbringen, sondern wir gemeinsam und abteilungsübergreifend um eine pragmatische Lösung ringen müssen. Dass wir nicht dogmatisch an einer Vorgehensweise oder einem gesetzten Zeitrahmen festhalten konnten, weil wir damit in festgefahren Situationen unnötig Druck erzeugten. Stattdessen mussten wir einfach Schrittchen für Schrittchen gehen, ließen uns auch von Rückschlägen nicht entmutigen und verloren dabei doch nie unsere Vision und unsere Ziele aus den Augen. Geholfen hat uns dabei neben vielen Trainings und Schulungen rund um Selbstwirksamkeit, Kommunikation und Vertrauenskultur vor allem die Vorgehensweise des Nachhaltigkeitsteams unter der vermittelnden Leitung von Jan. Im Team selbst wurden viele durch ihr Mitwirken zu engagierten Anwälten des Green-Shape-Konzepts und trugen die Gedanken in ihre eigenen Abteilungen hinein. Sie lenkten den Blick darauf, dass sich immer wieder Möglichkeiten auftaten, und ermutigten dadurch die Abteilungen weiterzumachen.

Unser erstes großes Erfolgserlebnis bahnte sich glücklicherweise im selben Jahr an. Der Einkäufer einer unserer größten Kunden, Sport Scheck, ließ sich auf der damaligen Outdoor-Messe von der Idee einer ökologischen Kollektion begeistern und überlegte mit uns gemeinsam, wie wir damit eine ganze Nachhaltigkeitsfläche in den Sport-Scheck-Häusern ausstatten konnten. Wir hatten zwar in der für das Folgejahr vorgestellten Kollektion die ersten Green-Shape-Produkte vorzuweisen – das konnte aber eine Trekkingbluse hier, ein urbanes T-Shirt dort und vielleicht noch eine Bikehose sein. Also keine zusammenpassenden Artikel, die folglich keine vermarktbare Gesamtaussage ermöglichten. In Zusammenarbeit mit Sport Scheck entwickelten wir nun also genaue Vorgaben, auf welche Produkte wir unseren Fokus in der Produktentwicklung richten wollten, damit wir im Sommer 2011 die ersten Green-Shape-Flächen füllen konnten. Die Wirkung nach innen war beflügelnd: Zum ersten Mal interessierte sich ein Kunde für unsere Nachhaltigkeitsausrichtung! Wir gewannen aufgrund dieser Ausrichtung sogar tatsächlich eine wertvolle Präsentationsfläche bei Sport Scheck! Es fühlte sich großartig an und war eine enorm wichtige Bestätigung auf unserem Weg.

Wenn ich mir die schwierigen Anfänge der Entstehung noch einmal vor Augen führe, macht es mich besonders stolz, dass heute ein Großteil unserer Produkte mit dem Green-Shape-Siegel versehen ist: fast 100 Prozent der Bekleidung und knapp 90 Prozent der gesamten Kollektion, die neben der Bekleidung auch Schuhe, Rucksäcke, Zelte, Schlafsäcke, Isomatten oder Fahrradtaschen beinhaltet. Es war anfangs nicht vorstellbar gewesen, dass wir so weit kommen würden! Im Sommer 2019 erhielten wir sogar die offizielle Bestätigung für unser Green-Shape-Siegel: Unsere Green-Shape-Produkte erhielten das staatliche Siegel Grüner Knopf, das die deutsche Bundesregierung jüngst ins Leben gerufen hatte, um für mehr Orientierung beim Einkauf von fair und ökologisch hergestellten Textilien zu sorgen.

Wir ruhen uns aber nicht auf unserem Standard aus, sondern arbeiten kontinuierlich an seiner Verschärfung. Momentan erstellen meine Kollegen und Kolleginnen aus der Produktentwicklung und dem Innovationsteam unter der Federführung unserer Nachhaltigkeitsverantwortlichen Hilke gerade die dritte Version von Green Shape, die nun auch Themen wie die Reparierbarkeit oder Materialeffizienz der Produkte in den Fokus nimmt. Die Reise geht also weiter, wir werden unsere Anforderungen an uns selbst mit fortschreitenden Erkenntnissen erhöhen und unsere eigene Messlatte höher legen. Wir wissen, dass wir mit unserer fachlichen Kompetenz auch den nächsten Schritt gemeinsam gut meistern werden.

FRAUEN NACH VORN

»Wie schaffen Sie es eigentlich, vier Kinder und die Geschäftsführung eines mittelständischen Unternehmens unter einen Hut zu bekommen?« Diese Frage wird mir mit am häufigsten gestellt, zuletzt von einem Moderator beim Gipfeltreffen der Weltmarktführer in Schwäbisch Hall vor großem Publikum. Eine Frage, die ein Mann in ähnlicher Funktion wohl selten beantworten muss und die mir zeigt, dass es scheinbar immer noch ungewöhnlich ist, dass Frauen, und dann auch noch mit Kindern, Unternehmensverantwortung tragen. Immer wieder erlebe ich, dass bei Veranstaltungen zuerst meine männlichen Begleiter angesprochen werden oder ich sogar ganz ignoriert werde. Einmal wurde ich auf einer Veranstaltung, auf der ich meine Kinder mitgenommen hatte, sogar für das Au-pair gehalten ... Darüber kann ich mich in diesen Momenten zwar amüsieren, aber es macht gleichzeitig deutlich, dass Frauen von vielen Menschen immer noch eher in der Begleitrolle gesehen werden.

Als ich 1998 bei uns ins Unternehmen eintrat, hatten wir zwar über 50 Prozent weibliche Angestellte, aber kaum Frauen in Führungspositionen. Das ist mir damals zunächst gar nicht aufgefallen. Erst als ich kurze Zeit später selbst schwanger war und mir Gedanken darüber machte, ob und wie ich Familie und Beruf vereinbaren könnte, wurde mir schlagartig bewusst, dass ich gar keine Frauen mit und eigentlich auch nur ganz wenige ohne Kinder in Führungspositionen kannte. Gleichzeitig wurde mir klar, wie sehr ich selbst vom traditionellen Rollendenken beeinflusst war. Mein rascher Wiedereinstieg ins Berufsleben nach so kurzer Zeit war ja nicht zuletzt den besonderen Umständen geschuldet, dass die erste Nachfolgerin auf meiner Stelle nach ein paar Wochen wieder kündigte und ich Julie einfach mit ins Büro nahm.

Üblicherweise verließen Ende der Neunzigerjahre Mütter bei VAUDE das Unternehmen für mindestens drei Jahre und kehrten, wenn überhaupt, dann in Teilzeit, parallel zu den Öffnungszeiten der damals nur halbtägig geöffneten Kindergärten, zurück. Es war also nicht allzu erstaunlich, dass es nur wenige Frauen in Führungspositionen bei VAUDE gab. Dass das trotz Ganztagsbetreuung durch das 2001 eröffnete Kinderhaus und hoher Arbeitszeitflexibilität dennoch nicht leicht zu verändern war, wurde deutlich, als wir ab 2005 das Unternehmen auf die Übergabe der Geschäftsleitung von meinem Vater auf mich vorbereiteten. Für mich war wichtig, dass meine Kinder und meine Familie nicht darunter leiden sollten, dass ich durch meinen Job als Geschäftsführerin zu wenig daheim war. Zugleich konnte und wollte ich auch gar nicht den gleichen Aufgabenschwerpunkt wie mein Vater als Gründer des Unternehmens mit dreißig Jahren mehr Berufserfahrung übernehmen. Wir wollten daher eine Struktur bei VAUDE schaffen, die die unternehmerische Verantwortung auf möglichst viele Schultern verteilte, das heißt mehrere Hierarchieebenen zu schaffen und neue Führungskräfte zu benennen.

Ganz selbstverständlich kamen dafür aufgrund ihrer Kompetenz und Erfahrung mehrere meiner Kolleginnen infrage. Als wir sie am Anfang gezielt ansprachen, holten wir uns jedoch eine Abfuhr nach der anderen ab. Die Argumente reichten von »Ich will nicht so viele Überstunden machen und lange arbeiten müssen«, »Ich will weiter in Teilzeit arbeiten, genug Zeit für Kinder und Freizeit haben«, bis zu »Diese Konferenzen sind nicht so mein Ding, da muss man auch auf den Tisch hauen können, so bin ich nicht.« Ich fand es spannend zu erkennen, wie radikal wichtig den allermeisten Frauen die Balance zwischen Beruf, Freizeit und Familie war und welche Bedeutung die Tatsache für die Frauen hatte, auf welche Weise miteinander kommuniziert wird oder wie Entscheidungen getroffen werden. Für mich waren das wertvolle Anhaltspunkte und wir begannen in den Folgejahren, VAUDE so zu verändern, dass wir den Bedürfnissen der Frauen gerechter werden konnten.

In Gesprächen und Diskussionen zwischen meinen Kollegen in der Geschäftsleitung, unserem Personalleiter und mir, haben wir entschieden, dass wir unsere Führungskräfte nicht daran messen wollen, wie viele Stunden sie im Unternehmen »absitzen«. Das heißt, wir haben uns bewusst gemacht, dass bei uns eine Führungskraft nicht automatisch sechzig Stunden die Woche arbeiten muss, um erfolgreich zu sein. Ebenso bewusst haben wir uns darauf verständigt, bei VAUDE die Leistung nicht nach Anwesenheit, sondern nach den Ergebnissen zu messen. Das hört sich heute in meinen Ohren als Selbstverständlichkeit an, aber wir kamen aus einer Zeit, in der es beispielsweise für unseren Finanzchef üblich war, über sechzig Stunden die Woche zu arbeiten. Wir hatten also einen kulturellen Wandel zu stemmen, der lange eingeübte Vorgehensweisen infrage stellte und auch immer wieder die Sorge auslöste, ob die Arbeit in weniger Zeit überhaupt zu stemmen war.

In der Konsequenz haben wir unseren Führungskräften zum einen konkrete Vorgaben gemacht, wonach beispielsweise keine Besprechungen mehr nach siebzehn Uhr angesetzt werden sollten. Wir haben Trainings zum Zeitmanagement für

Führungskräfte sowie alle anderen Mitarbeitenden angeboten. Und wir haben nach und nach die Vertrauensarbeitszeit ausgeweitet, auch wenn einige Führungskräfte und so manche Mitarbeitenden am Anfang skeptisch waren. In der Summe der Maßnahmen haben wir es tatsächlich geschafft, dass abends keine Besprechungen mehr stattfinden und es heute viel weniger Belastung durch Überstunden gibt, was früher in der eher männlich dominierten Unternehmenskultur noch gang und gäbe war. Jetzt ist es weitgehend selbstverständlich geworden und macht es vor allem den Frauen leichter, sich für eine Führungsrolle zu entscheiden.

Zum anderen hat sicher auch meine eigene Rolle dazu beigetragen, dass Frauen sich einerseits Führungspositionen vorstellen konnten, und dass andererseits die bewusste Vereinbarkeit von Beruf und Familie im Unternehmen gelebt wurde. Meine Kollegin Renate äußerte das ganz bewusst: »Ich habe mir gedacht, wenn du das schaffst, dann kann ich das auch!« Ich bin immer noch eine der sehr wenigen, vielleicht sogar die einzige Frau bei uns im Unternehmen, die das große Glück eines Partners hat, der den überwiegenden Anteil an der Haus- und Erziehungsarbeit übernimmt. Gleichzeitig habe ich zunächst als Marketingleitung und später als Unternehmenschefin auch für mich ein frühzeitiges und pünktliches Heimkehren zu meiner Familie eingefordert, das heißt, wenn möglich um siebzehn Uhr oder früher nach Hause zu gehen. Meine Assistentin Martina war von Anfang angehalten, mir in der Terminplanung möglichst viel Freiraum für meine Familie zu lassen. Das hieß, sie hielt mir die Wochenenden möglichst frei, taktete meine täglichen Termine möglichst eng und versuchte, sobald etwas ausfiel, die Folgetermine »zusammenzuschieben«, um mich früher nach Hause schicken zu können. Die Leidenschaft, die sie dabei entwickelte, mich »freizuschaufeln«, half mir sehr dabei, eine gute Balance zu wahren. Als eines meiner Kinder mehr Unterstützung in der Schule benötigte, habe ich eine Zeit lang einen Nachmittag in der Woche Homeoffice gemacht – und das funktionierte auch.

Neben diesen äußeren Rahmenbedingungen haben wir außerdem die Rolle der Führungskräfte in unserem Unternehmen bewusst verändert. Früher waren unsere Führungskräfte vor allem die Richtungsweiser und Entscheider. Sie schulterten die gesamte Verantwortung für ihre Abteilungen oder Teams und damit einhergehend eine hohe Arbeitsbelastung. Ich kann mir gut vorstellen, dass mit dieser Rolle mehr Druck verbunden war, der sich auch mal in Machtwörtern entlud. Deutlich habe ich beispielsweise vor Augen, wie Erwin die Einführung des neuen ERP-Systems, der wichtigsten Unternehmenssoftware, Ende der Neunziger schilderte: »Ich hatte nur ein kleines Team um mich, habe mich um das meiste selbst gekümmert und somit auch den Großteil der Entscheidungen selbst getroffen, auch für die anderen Bereiche. Wir haben das Ganze in wenigen Monaten durchgekämpft. Das war eine harte Zeit.«

Zurzeit sind wir wieder mit der Einführung einer neuen ERP-Software beschäftigt. Heute sind daran etwa achtzig Personen beteiligt, die in achtzehn Teilprojekten über zwei Jahre daran arbeiten. Natürlich sind wir in den letzten zwanzig Jahren deutlich gewachsen und komplexer geworden. Aber die Vorgehensweise spiegelt auch wider, wie sich unsere Arbeitsweise und die Rolle unserer Führungskräfte verändert hat. Sie sind heute viel stärker Rahmengeber, Vermittler und Begleiter. Sie sorgen dafür, dass die Kommunikation stimmt, dass sich die Organisation und die Mitarbeitenden weiterentwickeln, die Prozesse laufen und die Schnittstellen zu anderen

Abteilungen geschaffen werden. Klar müssen unsere Führungskräfte auch Entscheidungen treffen, doch der Fokus liegt darauf, Entscheidungsprozesse zwischen den Mitarbeitenden aus verschiedenen Hierarchien oder Abteilungen zu moderieren, um für unsere komplexen Herausforderungen zu den besten Lösungen zu gelangen. Natürlich sind sie dann in letzter Konsequenz verantwortlich, aber die Mitarbeitenden und Teams tragen ebenfalls einen wesentlichen Teil der Verantwortung und gestalten aktiv mit. Auch heute müssen unsere Führungskräfte noch ab und zu durchzugreifen und Kante zeigen, aber insgesamt ist man als Führungskraft viel weniger Einzelkämpfer als vielmehr Teil des Teams.

Während es den ein oder anderen Kollegen gab, der sich mit der Veränderung dieser Rolle, beispielsweise dem damit einhergehenden Verlust an Status oder der hohen Anforderung an Moderationsfähigkeit, schwergetan hat, habe ich den Eindruck, dass vielen Frauen diese Rolle mehr zusagt. Ein nicht zu unterschätzender Nebeneffekt dieser veränderten Rolle bestand darin, dass man nun auch als Führungskraft in Teilzeit arbeiten konnte. Mittlerweile nutzen das Angebot schon viele Frauen, etwa Uschi, unsere Teamleiterin für die Kommissionierung, die ein fünfzigköpfiges Team führt, oder Desi, unsere Abteilungsleiterin für den zentralen Einkauf, deren Mitarbeitenden sowohl am Standort in Deutschland als auch in Vietnam und China sitzen. Für Desi ebenso wie Isa, Leiterin unseres Controllings, und viele andere weibliche Führungskräfte, war darüber hinaus das Angebot unseres Kinderhauses wichtig, um ihre Kinder in flexibler und naher Betreuung zu wissen. Beide nutzen außerdem die Möglichkeit, von zu Hause zu arbeiten.

Das Ergebnis all dieser Maßnahmen: Wir haben einen Anteil von fast 70 Prozent Frauen und unsere Frauenquote in den Führungspositionen liegt seit vielen Jahren immer deutlich über 40 Prozent im Vergleich zu einem bundesdeutschen Durchschnitt von etwa 21 Prozent. Darauf bin ich angesichts der vielen Veränderungen, die wir vorgenommen haben, und im Vergleich mit anderen Unternehmen sehr stolz. Andererseits sind auch bei uns die meisten weiblichen Führungskräfte Teamleiterinnen, bei den leitenden Stellen darüber ist das Verhältnis leider noch nicht so ausgewogen. Ein ideales Verhältnis wäre für mich 50/50 auf allen Leitungsebenen. Nicht einmal nur aus idealistischen Gründen, sondern aus der schlichten Erkenntnis, dass wir mit möglichst gemischten Teams am besten aufgestellt sind für die Zukunft: Je verschiedener die Hintergründe und Erfahrungen, desto unterschiedlichere Blickwinkel und desto nachhaltigere Lösungsansätze und Strategien finden wir für unsere komplexen Herausforderungen. Doch selbst für uns wird so ein völlig ausgeglichenes Verhältnis auf allen Ebenen nicht leicht zu erreichen sein. Zu selbstverständlich ist die Entscheidung nach wie vor bei den meisten Müttern – auch bei VAUDE –, dass sie die Hauptverantwortung für Kinder und Familie tragen. Trotz unserer vielen Maßnahmen zur Vereinbarkeit geht damit auch immer noch einher, dass sie sich häufig nicht so viel Verantwortung oder eine Führungsaufgabe vorstellen können.

Ich mache mir viele Gedanken darüber, woran das liegt. Einerseits sicher an der ländlichen Gegend in Oberschwaben, in der die traditionellen Rollen von Mann und Frau noch sehr lebendig sind. Andererseits erleben wir bei VAUDE, dass diese Rollenbilder gerade von den Männern viel stärker aufgebrochen und neu definiert werden. Während sich nämlich die meisten Frauen bei VAUDE nach einer Schwangerschaft dazu entscheiden, ein bis zwei Jahre Elternzeit zu nehmen, um danach in Teilzeit zurückzukehren, probieren die Männer

Neues aus und werden so zu neuen Rollenvorbildern. Gernot, unser Abteilungsleiter für den Bike-Vertrieb, nimmt gerade seine Elternzeit über drei Jahre, indem er teilweise seine Arbeitszeit reduziert, teilweise aber auch monateweise Auszeiten nimmt. Ein anderes Beispiel ist Lutz, unser Abteilungsleiter für den Export, der wegen seiner kleinen Kinder seine Arbeitszeit vorübergehend reduzierte. Mein Kollege Manni, Abteilungsleiter im Marketing, blockte sich in den ersten Monaten nach der Geburt seiner zweiten Tochter die Nachmittage und arbeitete von zu Hause, um seiner Familie nahe zu sein und seine Kinder zu erleben. Ich finde das toll und unterstützenswert. Während die Männer bei VAUDE also zunehmend beides für sich beanspruchen, Verantwortung für ihre Kinder und ihre eigene Karriere, findet dieses Ausprobieren und Neudefinieren bei unseren Frauen noch viel weniger statt. Das finde ich sehr schade!

Ein Thema, das in diesem Zusammenhang seit Jahrzehnten immer wieder in der Gesellschaft breit diskutiert wird, ist die Frauenquote. Ich sehe das Thema differenziert – als Bürgerin und als Unternehmerin. Politisch bin ich für die Quote: Denn nach zehn Jahren freiwilliger Selbstverpflichtung der Wirtschaft hat sich an der Situation kaum etwas geändert. Viele Unternehmen wollen zwar mehr Frauen in Führungspositionen, um breiter und damit kreativer und nachhaltiger aufgestellt zu sein. Sie engagieren sich aber bisher zu wenig dafür. Meiner Erfahrung nach bedarf es zunächst erheblicher Investitionen in die Rahmenbedingungen. Die Erfolge stellen sich erst später ein. Erst Maßnahmen wie flexible Arbeitszeiten, Führungsmöglichkeit in Teilzeit, Kinderbetreuungsmöglichkeiten und der intensive Einsatz für ein attraktives Firmenklima machen ein Unternehmen frauen- beziehungsweise familienfreundlicher. Diese Atmosphäre ist aber verbunden mit mehr Schwangerschaften und dem damit verbundenen Veränderungsdruck, der natürlich auch eine Herausforderung ist.

Als Unternehmerin wiederum glaube ich, dass eine gesetzlich vorgeschriebene Frauenquote nur für einen Übergang nötig ist. Ich bin überzeugt davon, dass sich das Thema in absehbarer Zeit durch den demografischen Wandel und den schon jetzt deutlich spürbaren Fachkräftemangel drehen wird. Aus meiner Sicht müssen sich Unternehmen bereits heute fragen, ob sie für Frauen überhaupt attraktiv genug sind. Spätestens wenn sie das realisiert haben, werden sie sich anstrengen. Denn ohne auf die qualifizierten Frauen zurückgreifen zu können, werden sich Unternehmen im Wettbewerb schwertun. Da müsste es eigentlich der pure Eigennutz eines jeden Unternehmens sein, für Frauen attraktiv zu werden.

Ich denke, wir sind als Unternehmen schon sehr weit, was die Umsetzung des gesellschaftlichen Trends angeht, eine große Vereinbarkeit von Beruf und Privatleben zu bieten und das wirklich gleichberechtigte Miteinander von Mann und Frau intern zu leben. Ganz grundsätzlich wünsche ich mir aber mehr Mut, vor allem auch von Frauen, neue Wege zu gehen, sich selbst auszuprobieren, neue Rollen anzunehmen und in Kauf zu nehmen, dass man dabei vielleicht auch mal einen Irrweg geht, um sich dann wieder neu zu entscheiden und auszurichten. Ich glaube, dass dies den Frauen in den folgenden Generationen immer leichter fallen wird. Zumindest entdecke ich das in zarten Anfängen bei uns im Unternehmen, wie bei Anna, unserer 27-jährigen Organisationsentwicklerin, die sich mit ihrem Mann die Elternzeit ihres Kindes zu gleichen Teilen zwischen sich aufteilen will. Entsprechend früher und mit mehr Stunden und Verantwortung wird Anna wieder bei uns einsteigen, was mich sehr freut.

Mein inständiger Appell an die Frauen aller Generationen: Wir brauchen euch, eure Sichtweisen und Impulse, egal ob in gesellschaftlichen, politischen oder wirtschaftlichen Dingen! Zeigt euch! Traut euch! Übernehmt Verantwortung!

KONTROLLE IST GUT, VERTRAUEN IST BESSER

»So, und jetzt schauen Sie bitte direkt in die Kamera und ver-
vollständigen den Satz: Ich muss stark sein, weil …« Die sympathische Redakteurin sah mich erwartungsvoll an. Sie hatte
mich bereits eine Stunde für die Serie *Starke Frauen im Südwesten*
des SWR interviewt. Es war ein anregendes, offenes Gespräch
gewesen. Eigentlich wollte ich ihr diesen Wunsch gerne erfüllen,
zumal das laut ihrer Aussage der vom Sender gewünschte Auf-
hänger und rote Faden der verschiedenen Interviews für die
Serie war. Ich wollte diesen Satz jedoch auf keinen Fall sagen.
Er fühlte sich einfach sehr falsch an. Schließlich hatte die Redakteurin ein Einsehen und änderte den Satzanfang zu: »Ich
bin gerne Chefin, weil …« Wenig später war die Szene gedreht.

Als ich später noch mal über diese Situation nachdachte,
wurde mir bewusst, was sich für mich eigentlich an diesem
Satz so falsch angefühlt hatte: Ich muss und will als Chefin
gar nicht immer stark sein. Verantwortung abgeben, Fehler
machen und sie sich eingestehen können, auch mal Schwäche
zeigen und mich ausheulen können – das alles macht einen
wichtigen Teil meiner Handlungsfähigkeit und meiner Lebensqualität bei VAUDE aus. Ich muss gar nichts sein, was
ich nicht bin. Ich darf authentisch sein. Das gibt mir Kraft für
meine Aufgabe und, hier schließt sich vielleicht doch der
Kreis: Genau das macht mich stark!

Als ich 2005 frisch zur Marketingverantwortlichen gemacht
worden war, hatte ich diese Erkenntnis noch nicht. Mein erster

Reflex war gewesen, den Führungsstil meines Vaters zu kopieren. Der zeichnete sich für mich unter anderem durch eine meist schnell gefasste, klare Meinung und das eine oder andere Machtwort aus. Als Gründer und jahrzehntelanger Leiter des Unternehmens war mein Vater tief in allen Geschäftsprozessen verwurzelt. Alle wichtigen Entscheidungen liefen über seinen Schreibtisch, es war ganz einfach der Führungsstil, der sich daraus entwickelt hatte. Dass dieser Stil zu mir als Anfängerin in einer Führungsposition nicht wirklich passte, bekam ich dann umgehend und direkt von Mitarbeitenden gespiegelt, die mein Auftreten als anmaßend empfanden. Die Kritik und die Erkenntnis darüber, dass sie berechtigt war, war schmerzhaft und dennoch das Beste, was mir passieren konnte. So hatte ich die Chance, meinen eigenen Weg zu finden, was heute eine wichtige Kraftquelle für mich ist. Ich muss nicht immer stark sein, ich muss nicht alles wissen! Ich bin von Menschen umgeben, die vieles besser können oder mehr wissen als ich. Allein kann ich wenig bewegen. Ich darf ich selbst sein und kann mich auf andere verlassen.

Als ich mich drei Jahre später auf die Übernahme der Geschäftsführung vorbereitete, war mir dieser Gedanke schon in Fleisch und Blut übergegangen. Mir war bewusst, dass ich das Unternehmen nicht wie mein Vater in alleiniger Verantwortung leiten konnte und wollte. Einerseits war mir wichtig, neben meiner Aufgabe als Geschäftsführerin ausreichend Zeit für meine Familie zu haben. Andererseits fehlte mir nicht nur die jahrzehntelange Erfahrung und Kompetenz meines Vaters, sondern es erschien auch der Komplexität der Aufgabe angemessen, die Verantwortung auf verschiedene Schultern zu verteilen. VAUDE hatte inzwischen circa 400 Mitarbeitende. Mit mir gab es vier Geschäftsleiter, die sich zukünftig über die strategische Ausrichtung des Unternehmens abstimmten, und sieben Bereichsleiter, die gemeinsam Entscheidungen über das operative Geschäft fällten. Dazu noch viele weitere neu ernannte Abteilungs- und Teamleiter, vor allem in den Kernbereichen Produkte, Marketing und Vertrieb.

Die Frage, wie wir als Führungskräfte zusammenarbeiten und wie wir führen wollten, beschäftigte uns daher sehr, vor allem in den ersten Jahren der Geschäftsleitungsübernahme. Als mich unser damaliger Personalleiter Helmut für die erste Führungskräfteschulungen nach meiner Vision fragte, war meine spontane Reaktion Skepsis: Wozu sollten wir dafür eine eigene Vision formulieren? Dazu gibt es doch eigentlich genügend vernünftige Literatur, die über die verschiedenen Führungsstile Auskunft gibt und aus der sich erkennen lässt, welcher in einem modernen Unternehmen angebracht ist. Als ich jedoch länger darüber nachdachte und in mich selbst hineinhorchte, stellte ich fest, dass ich bereits eine sehr klare Vorstellung besaß, worauf unser Umgang miteinander basieren sollte. Wieder empfand ich es als Chance, klar in Worte zu fassen, wie ich mir unsere Unternehmenskultur und das Zusammenarbeiten im Idealfall vorstellte, um damit aktiv und bewusst die zukünftige Ausrichtung zu prägen.

Ich wollte unseren Mitarbeitenden das Vertrauen schenken, dass sie grundsätzlich gerne und nach bestem Wissen und Gewissen ihre Fähigkeiten einsetzen, ihre Leistung für das Unternehmen erbringen und Verantwortung übernehmen wollen. Diese Gedanken kamen nicht von ungefähr. Bereits in meiner Doktorarbeit hatte ich mich mit dem Thema und der Frage beschäftigt, wie viel Vertrauen ein Unternehmen seinen Mitarbeitenden schenken kann und sollte. Für mich selbst war immer klar, welchen Unterschied es in Bezug auf meine eigene Leistungsbereitschaft und -fähigkeit machte, ob man mir Vertrauen schenkte oder nicht. Man kann deutlich sehen, wie Menschen aufblühen, wenn man ihnen Vertrauen entgegenbringt und sie ihre eigene Kraft finden lässt. Zudem bin ich ein offener Mensch und mit dieser Haltung bisher gut gefahren.

Doch auf diesen persönlichen Wahrnehmungen eine ganze Führungsphilosophie gründen? War das zu idealistisch gedacht und konnte es letztendlich sogar gefährlich für das Unternehmen werden, weil das Vertrauen ausgenutzt würde? Diese Gedanken beschäftigten mich, und ich war daher erleichtert, die Grundlage für mein eigenes, positives Menschenbild in wissenschaftlichen Untersuchungen zumindest teilweise bestätigt zu bekommen: Menschen handeln nach einem Prinzip der Gegenseitigkeit. Das heißt, sie handeln überwiegend kooperativ, wenn ihnen selbst kooperativ begegnet wird: Sie tragen umso mehr zum Gemeinwohl bei, je mehr die anderen beitragen. In einer Gemeinschaft, die auf Kooperation angelegt ist, sind Menschen dazu bereit, unkooperatives Verhalten abzustrafen, selbst wenn dadurch eigene Kosten entstehen. Das führt dazu, dass sogar eher eigennützig eingestellte Menschen dazu neigen, sich in einer solchen Gemeinschaft kooperativ zu verhalten.

Ich wollte diese Gedanken nun dahingehend weiterspinnen, was das für uns als Führungskräfte bedeutete. Wenn ich nämlich im Gegensatz dazu davon ausgehen würde, dass mein Gegenüber unkooperativ, unwillig oder gar destruktiv veranlagt ist, müsste die wesentliche Aufgabe einer Führungskraft darin liegen, Mitarbeitende zu kontrollieren und zu guten Leistungen anzutreiben. Mit einem positiv geprägten Menschenbild jedoch könnte unsere Aufgabe als Führungskräfte vor allem darin bestehen, die Rahmenbedingungen der Arbeit so zu gestalten, dass die grundsätzliche Motivation, Leistungsbereitschaft und der gute Wille im Sinne des Unternehmens lebendig gehalten und gezielt gefördert werden.

Für mich war also klar: Unser Führungsverständnis und unsere Unternehmenskultur sollten sehr bewusst und durchgängig auf Vertrauen und Wertschätzung aufbauen. Statt den Fokus auf Hierarchie, Machtwörter, starre Regeln oder Kontrolle zu legen, sollte bei uns die Zusammenarbeit hierarchieübergreifend auf verlässlichen Werten, Kooperation und einem Umgang auf Augenhöhe basieren. Ich stellte meinen Kollegen und Kolleginnen aus dem Führungskreis meine Vision vor und war gespannt auf ihre Reaktion. Stille. Es herrschte verhaltene Zustimmung. Für mehr waren die Gedanken an diesem Punkt auch noch zu theoretisch und zu wenig greifbar und unterschieden sich damit auch zu wenig von dem bisher Erlebten. Spannend wurde es daher erst in der konkreten Umsetzung.

Auf Anregung unseres damaligen Personalleiters wandte ich mich an Heiko, einen externen Diplompsychologen und Unternehmensberater, mit dem er in der Vergangenheit schon öfter gut zusammengearbeitet hatte. Die Vorstellung, für unsere erste große Schulung mit externer Begleitung gleich einen Psychologen mit an Bord zu nehmen, machte mich etwas skeptisch. Wie offen würden die anderen darauf reagieren? Doch Heiko erwies sich als humorvoller und pragmatischer Mensch, der sich gut darauf verstand, (nicht nur meine) Skepsis zu überwinden und Begeisterung für das Rätsel des eigenen Verhaltens und das anderer zu entfachen. Er brachte damit die nötige Leichtigkeit in die Thematik, was dazu führte, dass wir dem Thema neben aller angestrebten Ernsthaftigkeit immer auch ein Stück weit gesunden Humor entgegenbrachten.

Los ging es damit, dass alle Teilnehmer und Teilnehmerinnen der Führungskräfteschulung individuelle Persönlichkeitsprofile auf der Grundlage vorher ausgefüllter Fragebögen erhielten. Ich glaube, es gab kaum jemanden von uns, der so etwas schon einmal gemacht hatte, und entsprechend waren unsere Reaktionen auf die verblüffend genau zutreffenden Beschreibungen unserer individuellen Eigenschaften und Verhaltensformen: »Mit wem hast du geredet? Mit meiner Frau?« Solche Äußerungen waren mehr als einmal zu hören. Fast jeder nahm hier schon die ersten Aha-Erlebnisse mit, wie das eigene Verhalten oft unbeabsichtigt auf andere wirkt. Für mich lag die größte Überraschung jedoch im nächsten Schritt, als wir durch eine Mischung von Vortragseinheiten und praktischen Übungen zu der Erkenntnis gelangten, wie unterschiedlich wir in unseren Motiven und Bedürfnissen waren und wie stark sich das auf das jeweilige Verhalten auswirkte. In den Persönlichkeitsprofilen, die wir angewendet hatten, wurden den verschiedenen Persönlichkeitsausprägungen Farben zugeordnet, grob vereinfacht: die besonnen und hinterfragend agierenden blauen, die freundlich und mitfühlenden grünen, die zielgerichteten und fordernden roten sowie die enthusiastisch und offen auftretenden gelben Typen. Wir stellten fest, dass wir bisher relativ viele rot ausgeprägte, dynamische, entscheidungsfreudige Menschen in Verantwortungspositionen bei VAUDE hatten. Dass Detailtiefe oder systematische Vorgehensweise allerdings von den oft zurückhaltender agierenden und stärker auf Sicherheit bedachten, stärker blau oder grün geprägten Kollegen und Kolleginnen zu erwarten war. Dass bei grün oder gelb geprägten Menschen meist der Mensch, bei stärker rot oder blau geprägten Menschen meist die Sache im Vordergrund von Entscheidungen stand. Wir lernten, dass wir je nach eigener Farbausprägung anders auf Verhaltensweisen anderer Farbpersönlichkeiten reagierten: Während die Grünen beispielsweise mit Unverständnis auf die Schnelligkeit der Roten reagieren, sind diese wiederum von der Umständlichkeit der Grünen genervt. Uns wurde bewusst, dass jede Farbausprägung ihren ganz eigenen, wertvollen Beitrag für die Organisation leistet. Bei mir ergab sich zum Beispiel eine starke Ausprägung in Gelb und Rot. Das erklärte für mich meine hohe Leidenschaft für die Themen Kommunikation und Vision, während ich mehr Energie aufwenden muss, um mich mit Standardprozessen, Verträgen oder Regularien auseinanderzusetzen.

Natürlich sind das nur vereinfacht dargestellte Beispiele unserer Erkenntnisse und genau hier liegt auch die Gefahr solcher Profile: dass Menschen nach Farben sortiert und damit in Schubladen von vereinfachten Zuschreibungen gesteckt werden. Ganz vermeiden konnten auch wir nicht, dass trotz umfangreicher Schulung und Sensibilisierung in der Folge auch pauschalisierende Zuschreibungen getroffen wurden. Dennoch, der Nutzen der neuen Erkenntnisse als Basis für einen vertrauensvollen und bewussten Umgang miteinander überwog. Wir stellten fest, dass es einerseits tatsächlich leichter ist, anderen zu vertrauen, wenn man versteht, warum sie so handeln, wie sie handeln, und was es auf der anderen Seite alles an Maßnahmen braucht, um ein vertrauensvolles und effizientes Miteinander als Führungskraft für alle zu schaffen. Es war eine erhellende Erkenntnis, dass für unterschiedliche Menschen Vertrauen etwas ganz anderes bedeutet: Während der eine darunter viel Freiraum versteht und es als ausreichend empfindet, seiner Führungskraft nur das Ergebnis seiner Arbeit zu präsentieren, empfindet die andere ihre Führungskraft nur als vertrauenswürdig, wenn sie wahrnimmt, dass diese sich bis ins Detail für ihre Ausarbeitung interessiert. In den kommenden Jahren organisierten wir immer wieder Workshops, um unsere Führungskräfte dabei zu unterstützen, ihre individuellen Erkenntnisse in ihren Teams umzusetzen.

Etwa 2014 gingen wir den nächsten Schritt. Wir wollten es schaffen, dass sich unsere Organisation von innen durch Impulse der Kollegen und Kolleginnen selbst verändert und an neue Gegebenheiten anpasst. Immer wieder ergeben sich Notwendigkeiten zur Veränderung wie zum Beispiel neue, von uns selbst auferlegte Nachhaltigkeitsanforderungen, digitale Möglichkeiten, Forderungen der Kunden, steigende Kosten, die eine höhere Effizienz erfordern, und so weiter. In den jährlichen Befragungen zur Mitarbeiterzufriedenheit stellten wir fest, dass diese Dynamik oft als Stressfaktor wahrgenommen wurde. Wir wollten unsere Unternehmenskultur dahingehend weiterentwickeln, dass sie von innen heraus innovativ und veränderungsfähig war, und unsere Mitarbeitenden zu Gestaltern der Organisation wurden, statt sich als Opfer der Veränderung zu fühlen. Unternehmenskultur entsteht vor allem durch die Beziehungsgestaltung zwischen Menschen im Alltag und wird somit von jedem Einzelnen mitgeformt. Genau da wollten wir ansetzen und dazu beitragen, dass unsere Mitarbeitenden gute Beziehungsgestalter wurden und sich dadurch stärker in der Lage fühlten, Prozesse selbstständig zu verändern, Entscheidungen herbeizuführen oder Projekte anzustoßen.

Wieder hatten wir externe Begleiter schätzen gelernt: Lissi und Jonas von Manemo, ein Münchner Expertenteam, das sich auf die nachhaltige Beratung von Organisations- und Personalentwicklung spezialisiert hatte. Der Schlüssel für unseren nächsten Schritt hieß Selbstwirksamkeit. Menschen mit einer hohen Selbstwirksamkeit haben Vertrauen in sich selbst und in ihre Fähigkeit, dass sie durch ihr Handeln etwas bewirken und auch schwierige Situationen bewältigen können.

Erneut lernte jeder und jede Einzelne von uns dabei viel über sich selbst: angefangen bei Grundmotiven, die jeder

Mensch teilt, aber in individuellen Ausprägungen verfolgt, wie Sicherung der Existenz, Anschluss an die Gruppe, Anerkennung, Sicherung der Entscheidungsfreiheit, Sinnhaftigkeit oder Kontrolle, bis hin zu der Frage, warum wir handeln, wie wir handeln, und wie wir uns nicht von unseren spontanen Gefühlen zu ungewünschtem Verhalten wie verbalen Angriffen, stummem Rückzug oder Ähnlichem verleiten lassen, sondern wie wir stattdessen Handlungsalternativen erkennen und wählen. Statt in die Verteidigungshaltung zu gehen, wenn mich meine Führungskraft kritisiert, nachzufragen, was genau gemeint ist, oder statt Inhaltsschlachten zu führen, einfach mal zu fragen, was eigentlich los ist oder das Gegenüber gerade braucht. Das hört sich zunächst einfach an, musste in der Umsetzung aber geübt werden. Dafür entwickelten wir konkretes Rüstzeug wie Gesprächstraining oder visuelle Erinnerungsstützen, die wir unseren Führungskräften und Mitarbeitenden an die Hand gaben.

Beide Konzepte haben bis heute eine hohe Bedeutung für uns. Zum einen erhält noch heute jede neue Führungskraft ihr eigenes Persönlichkeitsprofil und eine Einführung in die Welt der verschiedenen Persönlichkeitsausprägungen, um sie zu sensibilisieren, wie sie selbst auf andere wirkt, und um ein umfassendes Verständnis für ihre Mitmenschen zu wecken. Auch bei Neueinstellungen oder Teamzusammenstellungen überlegen wir häufig, welche Farb- oder Persönlichkeitsausprägung dem Team oder der Ergebniserzielung guttun könnte. Manches floss gleich in unsere Sitzgewohnheiten ein: So nimmt seither beispielsweise ein stark blau geprägter und damit eher zurückhaltender Bereichsleiter den Vorsitz am Tisch ein, damit sein meist sehr fundierter Redebeitrag zu einem Diskussionsthema tatsächlich sowohl statt als auch Gehör findet.

Ebenso gibt es jährlich mindestens zwei große Selbstwirksamkeitsworkshops, um neuen Kollegen und Kolleginnen diese Grundlagen zu vermitteln. Parallel dazu überlegten wir bei jeder neuen Regelung, wie wir diese auf Vertrauen basieren und wie wir die Vertrauenskultur und Selbstwirksamkeit stärken und sie erlebbar machen konnten. Das betraf die richtig großen Themen genauso wie vermeintlich kleine: So weiteten wir in der Verwaltung auf breiter Basis sowohl die Vertrauens- als auch die flexiblen Arbeitszeiten aus. Das bedeutete, dass diejenigen in Vertrauensarbeitszeit ihre Arbeitszeit nicht erfassen und auch nicht zu einem bestimmten Zeitpunkt anfangen mussten. Zudem verzichteten wir auf die Anwesenheitspflicht, indem wir Homeoffice für all diejenigen ermöglichten, die das mit ihrer Arbeit vereinbaren konnten. Wir beriefen Kulturträger und -trägerinnen für alle Bereiche und erarbeiten mit ihnen und den Führungskräften jährlich Maßnahmen zur Stärkung unserer gewünschten Kultur. Wir richteten eine halbe Stelle für interne Kommunikation ein und berichten seither transparent über alles, was im Unternehmen geschieht. Wir gestalteten unser neues Intranet so, dass einerseits jeder kommentieren konnte, und achteten anderseits darauf, dass wir alle dort aufgeworfenen Fragen oder Kritikpunkte dann auch zuverlässig, ehrlich und schnell beantworteten. Ein weiterer Baustein der stärkeren Förderung der Selbstwirksamkeit und Beteiligung aller war unser neu initiiertes Ideenmanagement, welches ebenfalls auf der Idee des Social Intranet basiert: Alle können auf dieser Onlineplattform Verbesserungsvorschläge und Ideen, zum Beispiel in Bezug auf die Zusammenarbeit, im Hinblick auf Produktentwicklungen oder Maßnahmen für unsere nachhaltige Entwicklung, transparent einstellen. Jeder kann diese Ideen kommentieren und bewerten. Auf diese Weise wird deutlich, welche Ideen auf Resonanz stoßen und umgesetzt werden sollten.

Auch als wir die neue Kantine einführten, wählten wir ein auf Vertrauen basierendes, einfaches Bezahlsystem: Alle Mitarbeitenden bekommen eine Essenskarte, auf die sie Geld laden können. Beim Mittagessen oder Kauf von Snacks oder Getränken wird einfach selbstständig an einem Touchscreen angegeben, was man konsumiert hat, und der entsprechende Betrag wird der Karte belastet. In unseren bereichseigenen Kaffee-Lounges stehen kleine Kassen. Wir vertrauen darauf, dass jeder zuverlässig die dreißig Cent für seinen Kaffee bezahlt.

In der Umsetzung all dieser Themen stießen wir einerseits auf Zustimmung und Begeisterung. Für viele stellten die Erkenntnisse rund um Selbstwirksamkeit und Persönlichkeitstypen sowie die neu eingeführten Maßnahmen eine spannende Bereicherung dar, die sogar positive Auswirkungen auf das eigene Privatleben hatte. Andererseits stießen wir auch hier auf Widerstände und Probleme. Zum einen taten sich einige Führungskräfte schwer, Kontrolle abzugeben. Mitarbeitende wie Führungskräfte kritisierten die oftmals langen Diskussionsschleifen und die dadurch verzögerten Entscheidungen. »Antje, da musst du einfach mal auf den Tisch hauen und eine Entscheidung treffen!«, das hörte ich in gerade in der Anfangszeit öfter und manchmal ließ ich mich tatsächlich dazu verleiten. Ich habe es jedes einzelne Mal bereut. Jedes Mal gab es entweder einen Aspekt, den ich für meine schnelle Entscheidung nicht berücksichtigte, oder es gab nach meinem Machtwort einen Verlierer, der die Entscheidung nicht oder nur widerwillig mittrug. Symptomatisch für diese Phase war auch, dass sich in manchen Teams die Meinung verbreitete, dass jetzt alles basisdemokratisch entschieden werden sollte. Auch das Konzept der Selbstwirksamkeit wurde nicht von allen sofort verstanden oder konstruktiv umgesetzt: »Sei doch mal selbstwirksam!«, wurde manchen entgegengeschleudert, wenn sie in einer Situation Bedenken oder Widerstand zeigten. Mit Schulungen, Übungen im Alltag oder Erklärvideos im Intranet sowie durch pures Dranbleiben und Vorleben wurde das meiste langfristig besser und effizienter.

Nichtsdestotrotz war weder unser Weg in die Vertrauenskultur noch in die Selbstwirksamkeit ein Selbstläufer, sondern wurde von einzelnen Führungskräften wie Mitarbeitenden immer wieder infrage gestellt, und wir mussten immer wieder negative Erlebnisse verdauen. So hatten wir eines Tages mehr oder weniger zufällig festgestellt, dass ein von uns sehr geschätzter Kollege seit acht Jahren im großen Stil Produktmuster von uns auf einer Onlineplattform verkaufte. Nachdem wir uns von der Schwere des Vergehens zweifelsfrei überzeugt hatten, erstatteten wir Anzeige und übergaben den Fall an die Polizei. Für mich war der langjährige Diebstahl und Betrug nicht nur ein unerwarteter Schock, der mich fassungslos machte, ich empfand es auch als einen regelrechten Prüfstein für unsere auf Vertrauen basierende Unternehmenskultur. Ich befürchtete, dass sich alle, die unsere Grundsätze in den letzten Jahren immer wieder kritisiert hatten, nun bestätigt fühlen würden, und vielleicht sogar ein Streit über die richtige Ausrichtung losbrechen würde. Das Gegenteil aber war der Fall. Gerade diejenigen, die ich bisher als Skeptiker der Vertrauenskultur wahrgenommen hatte, äußerten sich jetzt besorgt: »Das darf nicht unsere Kultur zerstören!«, oder: »Wir müssen aufpassen, nicht ins Gegenteil zu verfallen, und dürfen nicht anfangen, allen zu misstrauen!« Ich war bewegt von den Reaktionen und sehr, sehr erleichtert.

In den kommenden Monaten nahmen wir den Diebstahl zum Anlass, alle Graubereiche im Unternehmen auszuloten. Selbstkritisch betrachtet war der Umgang mit Mustern ein solcher Graubereich gewesen. Es war ja sogar erwünscht, dass Muster privat getragen wurden, um möglichst viele Rückmeldungen über Passform, Qualität und Funktionalität zu erhalten. Es war jedoch bis zu dem Zeitpunkt nicht detailliert geregelt, was nach dieser Testphase mit den Mustern geschehen sollte. Natürlich rechtfertigte das nicht den organisierten und gezielten Diebstahl. Aber wir fühlten uns verantwortlich dafür, einerseits eindeutige Regelungen zu treffen und andererseits klare, an unseren Werten orientierte Erwartungen an gewünschtes Verhalten zu formulieren. Wir erarbeiteten daher in einem partizipativen Prozess unseren eigenen, sehr umfangreichen Verhaltenskodex, den VAUDE-Wegweiser. Dieser sollte allen Mitarbeitenden als Orientierungshilfe in möglicherweise unklaren Situationen dienen, eine Unterstützung für angemessenes Verhalten darstellen und unsere Vertrauenskultur greifbar machen.

Im Intranet wurde zum Beispiel sehr konkret Auskunft darüber gegeben, wie man nicht nur mit Mustern, sondern auch mit anderen VAUDE-Werten wie der genutzten IT-Systeme oder geistigem Eigentum umzugehen hatte. Ebenso klare Erwartungen formulierten wir, was es zu beachten galt, wenn wir beispielsweise nach außen kommunizierten, was wir unter einem Dresscode verstanden (»Bei offiziellen Anlässen erwarten wir VAUDE-Bekleidung«) sowie für den Fall von Geschenken (»Bitte abgeben, sie werden bei unserem traditionellen gemeinsamen ›Austrinken‹ verlost, damit alle – auch diejenigen, die nicht im Außenkontakt stehen – die Chance haben, Geschenke zu bekommen«).

Befragungen unserer Mitarbeitenden und der Führungskräfte, die wir in Zusammenarbeit mit der Universität St. Gallen veranlasst haben, bestärkten uns in unserem Vorgehen. Zum einen freute ich mich darüber, dass VAUDE in der Interpretation der Ergebnisse als Vertrauensorganisation bezeichnet wurde. Spannend fand ich zum anderen, dass sich herausstellte, dass wir in den letzten Jahren viele sogenannte Vertrauer, das heißt Menschen mit starkem Urvertrauen, eingestellt hatten, die durch ihre positive und offene Einstellung unsere Organisation und Kultur von innen stärkten. Das heißt, wir hatten es in diesem Aspekt bereits nachweislich geschafft, zu einer selbstbestärkenden Kultur zu werden.

Auch heute stoßen wir immer wieder innerhalb des Unternehmens auf Missverständnisse, was Vertrauen oder Selbstwirksamkeit bedeutet. Ab und zu haben wir ein negatives Erlebnis zu verdauen, wie zuletzt den Diebstahl unserer Kaffeekassen. Dann erklären wir das eben noch mal, anhand von Videos, Workshops oder Fragestunden. Und die Kaffeekassen sind nun einfach festgeschraubt. Andererseits werden unsere Grundsätze nicht mehr infrage gestellt. Sie sind zumindest gefühlt allen in Fleisch und Blut übergangen und werden auch immer wieder zitiert und als (meist konstruktive) Begründung einer Vorgehensweise herangezogen. Eine neue Leichtigkeit ist eingezogen. Vielleicht dadurch, dass wir alle ein Stück mehr Beziehungskompetenz aufgebaut haben, dass Konflikte, die es natürlich immer noch gibt, frühzeitiger angesprochen werden oder dass sie weniger persönlich genommen werden. Wir haben gelernt, bewusst vertrauensvoll miteinander umzugehen, Störgefühle zu äußern und sie als Chance zu sehen, etwas in unserer Organisation, in unseren Regelungen oder Prozessen zum Besseren zu verändern und Themen auf Augenhöhe auszuhandeln. Das Beste: Dadurch schaffen wir es, uns auf die richtig wichtigen, großen, komplexen Herausforderungen zu konzentrieren und gemeinsam gute Lösungen zu finden. Muss man immer stark sein? Nein, aber gemeinsam sind wir stark und das fühlt sich sehr gut an.

MIT STREIT ZUM MITSTREITER

Aus voller Überzeugung nehmen wir bei VAUDE die Verantwortung gegenüber Mensch und Natur an. Ein Thema, das
uns dabei inzwischen schon seit zwei Jahrzehnten umtreibt,
ist unser Weg zur Schadstofffreiheit. 2012, mitten in unseren
Bemühungen, eine PFC-freie Lösung zu finden, ging auf der
für unsere Branche wichtigsten Messe, der Outdoor, die damals
in Friedrichshafen stattfand, ein Raunen durch die Hallen:
Greenpeace hatte sich angekündigt. Die Umweltorganisation
hatte ein Jahr zuvor die auf die Textilindustrie ausgerichtete
Detox-Kampagne gestartet und forderte darin den Verzicht
auf alle gesundheitsgefährdenden und umweltschädlichen
Chemikalien. Der Besuch von Greenpeace auf der Messe
machte deutlich, dass nun auch die Outdoorbranche ins Visier
genommen wurde.

Viele Marken sahen diesen Besuch äußerst kritisch und befürchteten medienwirksame Aktionen der Greenpeace-Akti-
visten auf der Messe. Ich dagegen war begeistert und sogar
ein Stück weit euphorisch. Ich war froh, dass das Thema
Schadstoffe nun in den Mittelpunkt rückte und erhoffte mir
von der Aktion einen entscheidenden Anstoß für die gesamte
Branche, endlich neue Lösungen für PFC-freie Textilien zu
finden. Ich fühlte mich den Zielen der Umweltaktivisten und
der Organisation Greenpeace persönlich schon immer verbunden und erhoffte mir deshalb viel von ihrem Engagement.
Ich empfing die Vertreter von Greenpeace an unserem Messe-

stand mit offenen Armen, in der Vorstellung, dass wir das gleiche Ziel verfolgten, und erzählte ihnen von unseren bisherigen eher frustrierenden Bemühungen in Sachen PFC. Ich erinnere mich noch, wie ich ihnen sogar sagte, dass sie mir Mut machten, weil wir bei VAUDE im Moment nicht weiterkämen und nach neuen Wegen suchten.

Schon 2001 war VAUDE Systempartner des Bluesign-Systems geworden, das damals wie heute einer der weltweit strengsten Standards für Umwelt- und Verbraucherschutz in der Textilproduktion war beziehungsweise ist. Mit der konsequenten Ausrichtung auf Nachhaltigkeit ab 2009 setzten wir in den Folgejahren unseren Fokus darauf, diese strengen Richtlinien freiwillig und breitflächig für die Materialien unserer gesamten Kollektion einzuführen. Uns war jedoch von Anfang an bewusst, dass es kritische Substanzgruppen gab, die nicht durch den Standard abgedeckt waren. Der Grundsatz von Bluesign lautete: Best available technology, das heißt kritische Chemikalien, für die es funktionell gleichwertigen Ersatz gab, wurden ausgeschlossen, andere, für die es noch keinen gab, wurden bis auf Weiteres akzeptiert. Zu Letzteren zählten die poly- und perfluorierten Chemikalien (PFC), auch Fluorcarbone genannt. Fluorcarbone finden ihren Einsatz zum einen in Membranen, einer Art atmungsaktiven dünnen Haut zwischen Stoffschichten, um Wasser abzuhalten und Schweiß nach außen zu transportieren. Zum anderen dienen sie dazu, Außenmaterial dauerhaft zu imprägnieren beziehungsweise chemisch auszurüsten (auch DWR genannt, von Durable Water Repellancy), damit Schmutz, Öl und Wasser abperlen. Diese Eigenschaft macht PFC für viele Textilien speziell im Arbeitsschutzbereich unentbehrlich; vor allem im Hinblick auf den Arbeitsschutzbereich ließ Bluesign mangels technologischer Alternativen die Chemikalie deshalb noch zu. Doch auch für

Outdoor-Produkte ist der nötige Schutz bei jedem Wetter essenziell. Eines der wichtigsten Ziele guter Outdoor-Ausrüstung ist es, unbeschwerten Naturgenuss bei jedem Wetter zu ermöglichen. Die eindrücklichsten Naturerlebnisse finden häufig bei schwierigen Wetterkonditionen statt: wenn der Wind tobt, der Regen peitscht und man unberührte Natur und die Elemente abseits der Zivilisation in all ihrer Ursprünglichkeit erleben kann. Ein intensives und häufig unvergessliches Erlebnis, das man nie vergisst, wenn man sich dank guter Ausrüstung sicher und beschützt fühlt. Oder sich entweder als schreckliche Erinnerung einbrennt, weil sich Jacke, Hose oder Schuhe als nicht regendicht erweisen.

2009 setzten wir wie nahezu alle Outdoor-Ausrüster Fluorcarbone sowohl in unseren Membranen als auch in unseren DWR ein. PFC stehen jedoch zu Recht in der Kritik: Sie sind nicht biologisch abbaubar, gelangen über das Abwasser in die Umwelt und reichern sich über die Nahrungskette auch im menschlichen Organismus an. Zudem stehen die Chemikalien im Verdacht, krebserregend zu sein. Weil wir uns mit dem Thema auseinandergesetzt hatten, wollten wir uns über die Umsetzung des Bluesign-Standards hinaus auf den Weg machen, eine PFC-freie Kollektion zu erreichen. Wir wollten es schaffen, eines Tages ganz auf PFC zu verzichten, auch wenn das ein schwieriges Unterfangen werden würde, wie uns angesichts der wenigen Alternativen und dem absoluten Muss einer funktionierenden Ausrüstung von Anfang an bewusst war.

Der erste Schritt war verhältnismäßig einfach. Wir ersetzten 2010 unsere PFC-haltige Membrane durch Sympatex, eine PFC-freie Membranalternative aus Polyester. Schwieriger aber war diese Aufgabe bei der Imprägnierung der Oberstoffe. Damals gab es auf dem Markt zwar bereits einige wenige chemische Lösungen ohne PFC. Diese befanden sich allerdings

bisher kaum in Anwendung und schon gar nicht bei Bergsport-
produkten. Zudem genügt die chemische Lösung allein noch
nicht, es muss sich auch immer ein Textilproduzent finden,
der bereit ist, seine (lang erprobten, funktionierenden) Prozesse und Maschinen umzustellen, um einer technisch und
chemisch anders wirksamen Lösung eine Chance zu geben
und sie bei den gewünschten Materialien anzuwenden. Da
jeder neue Anwendungsprozess langwierig erprobt werden
muss und Risiken und Fehler birgt, ist es keine Selbstverständlichkeit, dass sich Produzenten darauf einlassen, vor allem
dann nicht, wenn (wieder einmal) nur ein einzelnes Unternehmen danach fragt.

Mithilfe unseres neuen Membranpartners Sympatex gelang es jedoch meinen Kolleginnen aus der Produktentwicklung 2011, einen langjährigen Produktionspartner davon zu
überzeugen, mit uns Versuche in diesem Feld zu starten. Erstes Etappenziel war es, eine komplett PCF-freie, bergtaugliche
Wetterjacke und -hose zu entwickeln. Nach einigen Monaten
hatten wir Ergebnisse für Stoffproben vorliegen, die vielver-
sprechend waren und in den entsprechenden Tests unter
Laborbedingungen hervorragend funktionierten. Wir waren
voller Elan und ließen Frauen- wie Männermodelle mit Sym-
patex-Membran folglich mit PFC-freier Ausrüstung versehen.
Als die erste Musterkollektion ins Haus kam, und wir die
Jacken und Hosen auch im Feldversuch und unter unserer
Beregnungsanlage testen konnten, erlebten wir eine herbe
Enttäuschung. Die Jacken saugten sich mit Wasser voll und
fühlten sich für den Träger klamm und feucht an – nichts, was
man als Outdoor-Liebhaber gerne erlebt und damit auch
nicht für VAUDE-Produkte geeignet. Dieser Misserfolg war
eine sehr deprimierende Erfahrung für uns. Im Orderbuch
für unsere Händler, das die Kollektion für die Wintersaison

2012 ankündigte, hatten wir bereits voller Optimismus die »erste fluorcarbonfreie und dauerhaft wasserabweisende Ausrüstung« in Aussicht gestellt. Doch es gab nicht nur Erklärungsbedarf, sondern es entstanden auch hohe Kosten, denn der Großteil der Gesamtmustermenge von mehreren Hundert Teilen war bereits produziert und somit in dieser Form nicht verwertbar.

Aber wir ließen uns nicht entmutigen und unternahmen ein Jahr später den nächsten Versuch. Aufgrund unserer ersten Erfahrungen gingen wir gemeinsam mit unserem Produzenten davon aus, dass das Problem in der Materialbeschaffenheit lag. Wir wechselten daher auf ein anderes Jackenmodell im Wanderbereich mit glatt strukturierter Außenseite, starteten wieder eine Versuchsreihe und wurden von den überzeugenden Laborergebnissen überrascht. Wir machten also wieder stolz unsere Ankündigung, die Jacken kamen aus der Musterproduktion ins Haus, wurden getestet – und fielen mit Pauken und Trompeten durch unsere Praxistests. Wieder hatten wir viel Aufwand betrieben und Geld in die Hand genommen. Es war klar, dass wir so nicht weiterkommen würden.

Wenige Monate später erlebten wir einen weiteren ernüchternden Moment. In der Greenpeace-Studie *Chemie für jedes Wetter*, die im Oktober 2012 für Aufregung in der Öffentlichkeit sorgte, waren auch zwei unserer VAUDE-Jacken auf Schadstoffe und vor allem auf PFC untersucht worden, darunter eine Kinderjacke. Wie bei den Proben anderer Marken wiesen die Forscher auch in den VAUDE-Produkten PFC nach. Was uns bewusst war, weil wir ja bisher noch keine funktionierende Alternative gefunden hatten, wie ich den Aktivisten bei ihrem Besuch auf der Messe detailliert erklärt hatte. Für mich war die Veröffentlichung der Studie offen gestanden ein Schlag ins Gesicht und ich fühlte mich hintergangen.

Mit der Detox-Kampagne stand VAUDE plötzlich am Pranger, wir wurden als Umweltsünder gebrandmarkt, obwohl wir uns so lange und intensiv mit dem Thema Schadstoffe und PFC auseinandergesetzt hatten. Ich reagierte mit einer öffentlichen Stellungnahme, die wir im Internet veröffentlichten. Darin erklärte ich, warum es gar nicht so einfach sei, von heute auf morgen auf PFC zu verzichten. »Wir als Mittelständler stoßen immer wieder an Systemgrenzen. Es gibt nicht für jede umweltschädliche Substanz eine umweltfreundliche Lösung. Und deshalb begrüße ich die Kampagne von Greenpeace, weil es für die PFC-Problematik noch keine befriedigenden Lösungen gibt und die gesamte Branche an einem Strang ziehen muss«, erklärte ich in dem Video Anfang November 2012.

Ein Jahr später veröffentlichte Greenpeace erneut einen Outdoor-Bericht – und wieder waren wir dabei, dieses Mal mit einer sieben Jahre alten Herrenjacke, die noch mit einer PFC-haltigen Teflonmembran ausgestattet war. Irgendwo hatte die Umweltorganisation das Stück im Laden gekauft und getestet. Das Fazit der Studie: »Keine der untersuchten Marken erfüllt im Moment die Detox-Vorgaben für mehr Transparenz und einen entschlossenen Ausstieg aus PFC.« Wir fühlten uns erneut öffentlich gebrandmarkt – und das, obwohl wir in den letzten beiden Jahren alles getan hatten, um den PFC-Gehalt in den VAUDE-Kleidungsstücken so gering wie nur irgend möglich zu halten. Auf unsere Stellungnahme (und die anderer Marken) reagierte Greenpeace mit der Überschrift »Adidas und VAUDE um Ausreden nicht verlegen«.

Ich war damals furchtbar enttäuscht, wütend und verletzt und vergoss mehr als einmal Tränen über die ganze Angelegenheit. Ich konnte nur schwer verdauen, dass uns mit so aggressivem Misstrauen begegnet wurde. Wir waren doch diejenigen, die sich mit allen Kräften, viel zeitlichem und finanziellen Aufwand für eine saubere Umwelt einsetzten, waren doch eigentlich sogar Greenpeace-Fans und hatten gedacht, wir befänden uns auf dem gleichen Weg wie die Umweltaktivisten. Statt Dialog, Miteinander und den Einsatz für die gleichen Ziele erlebten wir jedoch ein hartes Gegeneinander. Auch unter meinen Kollegen und Kolleginnen machte sich Frust darüber breit, dass wir so sehr im Fokus standen, obwohl VAUDE sich seit vielen Jahren Nachhaltigkeit und Umweltbewusstsein auf die Fahnen geschrieben hatte.

Mit der Detox-Kampagne mobilisierte Greenpeace die Öffentlichkeit im Hinblick auf die Outdoor-Branche. Uns wie auch unsere Mitbewerber erreichten empörte E-Mails und Briefe. Es gab Demonstrationen vor North-Face-Filialen, Greenpeace organisierte sogar eine medienwirksame Aktion auf dem Dach des Schweizer Unternehmens Mammut. Die Umweltorganisation forderte die gesamte Outdoor-Branche dazu auf, ihr Detox-Commitment zu unterschreiben. Darin sollten sich die Unternehmen unter anderem dazu verpflichten, schädliche Substanzen aus der gesamten Lieferkette zu eliminieren und eine transparente öffentliche Berichterstattung über Fortschritte und Probleme zu gewährleisten.

Wir befanden uns zu diesem Zeitpunkt in einer Zwickmühle und waren hin- und hergerissen. Auf der einen Seite entsprachen die Forderungen des Detox-Abkommens genau unseren Zielsetzungen und Vorstellungen. Schließlich hatten wir uns vorgenommen, bis 2015 der nachhaltigste Outdoor-Ausrüster Europas zu werden. Auf der anderen Seite hatte das Vertrauen zu Greenpeace einen gehörigen Dämpfer erlitten und wir wussten nicht, wie wir die Vereinbarung überhaupt unterschreiben konnten, solange wir noch keine guten Alternativen für schädliche Substanzen gefunden hatten. Wir wollten nichts versprechen, was wir nicht halten konnten, und waren wenig motiviert von der Vorstellung, bei einem erneuten Scheitern direkt wieder öffentlich an den Pranger gestellt zu werden. Dennoch hatten wir die Hoffnung, dass sich durch das öffentlichkeitswirksame Engagement von Greenpeace nun endlich Lösungen abzeichnen könnten, die auch uns helfen würden, schneller voranzukommen.

Wir entschieden uns deshalb, den Dialog aufzunehmen und wieder ein Vertrauensverhältnis zu den Umweltaktivisten aufzubauen. Es folgten unzählige Gesprächsrunden mit Vertreterinnen und Vertretern von Greenpeace. In die ersten Gespräche ging Greenpeace mit harten Maximalforderungen. Sie forderten nicht nur den zeitnahen kompletten Ausstieg aus den Fluorcarbonen, sondern aus insgesamt elf Substanzgruppen. Wie bei den PFCs gab es auch bei den anderen Substanzgruppen bisher keine rechtlichen Regelungen oder Lösungsalternativen. Für unser Schadstoffmanagement, das wir bisher auf Bluesign basiert hatten und damit dem Ansatz der »best available technology« gefolgt war, bedeutete das einen Paradigmenwechsel. Zwar hatten wir diesen mit unseren ersten Versuchen zur PFC-Freiheit selbst schon eingeleitet, doch war dieser Alleingang bisher auch entsprechend erfolglos geblieben. Somit hatten wir große Bedenken, nun auch noch zeitlich kurz bemessene Zusagen für zehn weitere Stoffgruppen zu machen.

Bettina, die Leiterin unseres Qualitätsmanagements, die gemeinsam mit Hilke am stärksten in den Verhandlungen involviert war, berichtet folgendermaßen über diese Gespräche: »Das waren sehr harte Verhandlungen. Am Anfang herrschte totales Mauern auf Seiten von Greenpeace. Das hat uns unter großen Druck gesetzt. Für mich hat sich das wie ein Drahtseilakt angefühlt. Warum sollten wir nun unter Zeitdruck etwas hinbekommen, das wir in den letzten Jahren trotz großem Aufwand nicht erreicht hatten? Was ist, wenn wir das unterschreiben und dann nicht liefern können?« Im Laufe der Gespräche entstand auf beiden Seiten größeres Verständnis. Langsam näherten wir uns an und konnten uns zu guter Letzt auf einen Konsens einigen, der auf einem Stufenplan basierte, aber immer noch sehr ambitioniert war. Als Greenpeace uns bei einem dieser letzten Gespräche in Tettnang besuchte, war das gegenseitig wachsende Vertrauen und die Überzeugung, doch für die gleichen Ziele zu kämpfen, wohltuend für mich zu spüren.

Die langwierigen Verhandlungen führten schließlich zum Erfolg: Am 13. Juli 2016 unterzeichnete wir, wieder auf der Outdoor-Messe, das »Greenpeace Detox Commitment«. Freudig strahlen sowohl die Verhandler von Greenpeace als auch wir von VAUDE in die Kamera, es war ein hart errungener Kompromiss, der sich aber für beide Seiten gut anfühlte. Mit der Unterzeichnung verpflichteten wir uns freiwillig dazu, bis spätestens 2020 alle elf schädlichen Substanzen in unserer gesamten Lieferkette zu eliminieren. Der Nachweis sollte über regelmäßige Tests von Frisch- und Gebrauchtwasser in den Materialproduktionsstätten stattfinden. Neben uns hatten nur zwei andere kleinere Outdoor-Marken den Mut, das Detox-Commitment zu unterschreiben, Rotauf und Paramo.

Wie erhofft entstanden durch den Druck und die Öffentlichkeit, die Greenpeace erzeugte, mehr Nachfrage und mehr Angebot nach chemischen Alternativen, neue Partnerschaften und die Bereitschaft, andere Lösungen auszuprobieren. Zunächst machten wir jedoch erst einmal selbst viele Hausaufgaben: von der genauen Festlegung unserer funktionellen Kriterien an jede Produktgruppe aller Outdoor-Aktivitäten, über die Ausformulierung exakter technischer Anforderungen an unsere Produktionspartner bis hin zur Entwicklung völlig neuer Testverfahren und dem Start eines Testmarathons. In einem Jahr machten wir statt der üblichen achtzig bis hundert über 300 zusätzliche Materialtests in unserem Labor. Ein wahrer Kraftakt für die betreffenden Mitarbeiterinnen, die viele Monate mit Testen und Dokumentieren beschäftigt waren. Wir entschieden uns nämlich für den Weg, nicht die Technologie selbst, sondern nur das gewünschte Ergebnis an Wasserdichtigkeit oder Abperlverhalten vorzuschreiben, um unseren Produktionspartnern möglichst viel Entscheidungsfreiheit zu geben. Alle PFC-freien Technologien, die in unseren Produkten verarbeitet werden, laufen seither unter dem Namen VAUDE Eco Finish. Parallel dazu arbeiteten wir über Jahre hinweg mit unseren Partnern aus der Chemieindustrie und unseren Materiallieferanten sehr fokussiert und intensiv an den chemischen Lösungen selbst sowie an der Prozesssicherheit. Gemeinsam mit ihnen mussten wir uns auf die neuen Technologien einlassen und sie Schritt für Schritt erlernen.

Wo stehen wir im Jahr 2020? Bereits seit drei Jahren haben wir eine PFC-freie Bekleidungskollektion. Wir können heute zeigen, dass es möglich ist, PFC-freie Alternativen anzubieten, ohne dass Kunden auf die wichtige Funktionalität ihrer Outdoor-Kleidung verzichten müssen. Zudem haben wir auch die weiteren Ziele fast vollständig erreicht. Sieben von elf Stoffgruppen haben wir bereits komplett eliminiert, bei vier weiteren sind wir fast am Ziel. Nichtsdestotrotz kommt es immer wieder zu unerwarteten Rückschlägen, da beispielsweise die chemischen alternativen Lösungen bei unterschiedlichen Stoffoberflächen oder Farben unterschiedlich reagieren oder ein ungewöhnliches Verhalten im Trocknungs- oder Waschprozess an den Tag legen. Das liegt daran, dass es sich im Vergleich zu den kritischen, dafür aber jahrzehntelang erfolgreich erprobten Chemikalien um sehr junge Lösungen handelt. Mit dem Ziel, wirklich dauerhaft verlässlich und erfolgreich zu sein, hat sich daher eine sehr enge Zusammenarbeit auf Augenhöhe mit unseren Partnern aus Chemie und Produktion entwickelt.

Hierbei beschreiten wir komplett neue Wege, die aber hervorragend zu VAUDE und unserer Philosophie passen: 2019 etablierten meine Kolleginnen aus Qualitätsmanagement und Einkauf runde Tische, an denen unsere Chemikalienhersteller und Produzenten gemeinsam ihr Know-how austauschten und wir an einzelnen Problemfeldern feilten. Uns ist es damit gelungen, unterschiedlichste Parteien, die eigentlich miteinander im Wettbewerb stehen, dazu zu bringen, nicht nur gemeinsam mit VAUDE, sondern auch miteinander motiviert an den kniffligen Themen zu arbeiten. Dass wir das als mittelständisches Unternehmen geschafft haben, erfüllt mich mit Stolz. Und angesichts des Ergebnisses bin ich sicher, dass sich unsere mühsame Pionierarbeit gelohnt hat.

Auch wenn die Attacken von Greenpeace für mich und das ganze VAUDE-Team unangenehm waren, so waren sie letzten Endes doch auch der Auslöser dafür, dass wir heute dort stehen, wo wir stehen. Zwar war meine persönliche Beziehung zu Greenpeace in diesen Jahren erschüttert. Wenn man sich mit Herzblut und Leidenschaft für eine Sache einsetzt, ist man empfindlicher und verletzlicher. Heute sitzen bei meinen Vorträgen manchmal auch Bekannte von Greenpeace im Publikum, was mich sehr freut. Es ist wohltuend, dass wir nun an einem Strang ziehen und uns gegenseitig vertrauen. Die Rolle, die Nichtregierungsorganisationen wie Greenpeace in der Gesellschaft spielen, ist sehr wertvoll und nicht hoch genug einzuschätzen, davon bin ich nach wie vor überzeugt. Leider führt häufig erst der Druck von außen dazu, dass sich überhaupt etwas bewegen kann.

Das gilt auch für die aktuellen Proteste: Wir sehen dieses Phänomen beispielsweise bei der Fridays-for-Future-Bewegung, die mit ihren Demonstrationen ein Thema in den Fokus der Gesellschaft rückt, das von der Politik bisher zu stark vernachlässigt wurde. Erst jetzt wird über die Notwendigkeit des Klimaschutzes auch in der breiten Öffentlichkeit diskutiert. Mit Greta Thunberg und den weltweiten Demos der Kinder und Jugendlichen ist endlich genug Druck entstanden, um nach praktikablen Lösungen zu suchen. Auch die Bundesregierung hat mittlerweile darauf reagiert: Mit dem Klimaschutzpaket kommen nun gesetzliche Regelungen auf den Weg, die ohne den Druck der Straße wohl längst nicht verabschiedet worden wären. Auch wir bei VAUDE haben den globalen Klimastreik unterstützt und waren 2019 bei den Demonstrationen in Ravensburg und Friedrichshafen dabei. Wir verfolgen schon lange die gleichen Ziele wie die Fridays-for-Future-Jugend, möchten sie darin unterstützen und gleichzeitig unsere Wertschätzung für ihr Engagement zeigen. VAUDE ist beispielsweise seit 2012 klimaneutral am deutschen Standort – erst jetzt nehmen etwa die Medien auch diese Tatsache interessiert zur Kenntnis.

Wie auch beim Klimawandel empfinde ich es als sehr wichtig, dass Bürger, Organisationen und auch Unternehmen im Hinblick auf die Herausforderungen unserer Zeit Stellung beziehen, damit nicht zuletzt mit Unterstützung einer breiten Öffentlichkeit tatsächlich Veränderungen in Gang gesetzt werden. Als 2019 in Baden-Württemberg das Artenschutz-Volksbegehren »Rettet die Bienen« startete, fragten die Initiatoren bei uns an, ob VAUDE bereit sei, das Vorhaben mit unserem Unternehmenslogo zu unterstützen. Ich war regelrecht erleichtert, dass es in Baden-Württemberg ein Volksbegehren zum Artenschutz geben sollte. Schon lange empfand ich es als bedrückend, wie wenig Raum das Thema Artensterben und Erhalt der Biodiversität in der öffentlichen Diskussion einnahm, obwohl wir auch hier nicht mehr davon sprechen können, wie wir es aufhalten, sondern nur noch wie weit wir die Folgen des weltweiten Artensterbens abmildern können. In seinem *Living Planet Report* hat der WWF für die vergangenen vierzig Jahre einen Rückgang der Tierbestände um 58 Prozent gemessen. 14 000 untersuchte Tierpopulationen haben sich mehr als halbiert. Das betrifft nicht nur ferne Länder mit Regenwäldern, sondern findet direkt bei uns vor der Haustüre statt. Wissenschaftliche Auswertungen der britischen Sussex-Universität von Insektensammlungen, die über 27 Jahre hinweg kontinuierlich in Mittel- und Ostdeutschland stattgefunden haben, zeigen, dass die Masse an Insekten in diesem Zeitraum um 76 Prozent abgenommen hat. Ausgehend davon, dass die Insekten zwei Drittel des gesamten Ökosystems ausmachen, sind diese Zahlen mehr als erschreckend. »Bei dem derzeit eingeschlagenen Weg werden unsere Enkel eine hochgradig verarmte Welt erben«, kommentierte der Co-Autor der Studie Dave Goulsen die Ergebnisse.

Als Unternehmen beschäftigten wir uns seit 2010 aktiv mit diesem Thema und der Frage, welche Verantwortung wir für den Erhalt der Biodiversität übernehmen können. Nicht nur durch unseren Kampf gegen Schadstoffe im Abwasser oder der Abluft bei der weltweiten Herstellung unserer Materialien oder den Einsatz von pestizidfrei angebauten Naturfasern wie GOTS-zertifizierter Baumwolle, sondern auch hier am deutschen Standort. Wir sind eines der ersten Unternehmen, die bei der EU-Kampagne Business and Biodiversity mit externer Expertenhilfe konkrete Ableitungen für unseren Unternehmensstandort erarbeitet und umgesetzt haben: von der Begrünung unserer Dächer, Renaturierung des Bachlaufs auf unserem Gelände, Anbringung zahlreicher Nistkästen, Entsiegelung von 1500 Quadratmetern Parkplatz und der Pflanzung einer artenreichen Magerwiese in unserem Innenhof bis hin zum Bezug von regionalen, biologisch angebauten Lebensmitteln für unsere Kantine bemühen wir uns um einen möglichst positiven Beitrag zur Biodiversität. Im Alltag erlebte ich allerdings immer wieder, dass den meisten Menschen weder das Thema Artensterben noch Biodiversität geläufig war.

Mit dem Volksbegehren entstand nun auch bei uns in Baden-Württemberg Öffentlichkeit und Handlungsdruck. Gerne unterstützten wir die Initiative mit unserem Logo auf deren Internetseite. Nur wenig später stellten wir fest, dass wir uns inmitten des Zentrums eines Sturmes begeben hatten. Die Landwirte, vor allem in unserer Region, protestierten heftig gegen das geplante Volksbegehren. Wir erhielten viele Mails und Briefe. Einige Landwirte aus der direkten Nachbarschaft kamen gleich persönlich vorbei, um zum einen ihrer Empörung Luft zu machen, dass wir so eine Sache unterstützen, und uns zum anderen darüber aufzuklären, dass das Volksbegehren aus ihrer Sicht einer Katastrophe gleichkam und sie sich durch die konkreten Forderungen des Volksbegehrens Artenschutz – vor allem im Hinblick auf den Umgang mit Pestiziden – in ihrer Existenz bedroht fühlten.

Das Argument, dass sich Unternehmen durch politische Forderungen wie etwa die Übernahme von Sorgfaltspflicht in den Lieferketten in ihrer Existenz bedroht sehen, kenne ich bereits aus unserer Branche. Daher habe ich die Reaktionen der Landwirte zunächst auch als mir gut bekannte Abwehrmechanismen gegen unbequeme Veränderungen eingestuft. Meine Wahrnehmung änderte sich, nachdem wir die Akteure – konventionell und ökologisch wirtschaftende Landwirte und Vertreter des Volksbegehrens – im Juli 2019 zu einem runden

Tisch einluden. Dort war die Existenzangst der Bauern fast körperlich spürbar. Bei uns am Bodensee gibt es viele Sonderkulturen, eine kleinzellige Landwirtschaft und viele Schutzgebiete. Zum einen löste das Volksbegehren die Angst aus, dass auf den Flächen in den Landschaftsschutzgebieten gar keine Landwirtschaft mehr betrieben werden dürfe. Zum anderen sahen sich die Landwirte schon heute mit einem harten Preiswettbewerb und einer immer größer werdenden Flut an Auflagen konfrontiert. Für sie waren die zusätzlichen Anforderungen des Volksbegehrens wie der berühmte Tropfen, der das Fass zum Überlaufen brachte. Auch die anwesenden Biobauern äußerten Ängste. Sie befürchteten, dass durch das Volksbegehren zu viel Bioobst auf den Markt geschwemmt würde und sie sich daraufhin in der gleichen Preisspirale wiederfinden würden, wie die Landwirte auf dem konventionellen Markt.

Die Vertreter des Volksbegehrens, die ebenfalls von Landwirten begleitet und unterstützt wurden, antworteten sachlich gut auf die Bedenken und Befürchtungen und konnten die meisten Sorgen und Argumente entkräften. Dass etwas passieren musste, war allen Anwesenden gleichermaßen bewusst. Doch die Landwirte fühlten sich als Opfer in einem System aus kontinuierlichem Preisdruck und Überlastung gefangen und sahen mit dem Druck des Volksbegehrens überhaupt keine Handlungsoptionen mehr für sich. Zudem fühlten sie sich durch das Volksbegehren zu Unrecht als Umweltsünder an den Pranger gestellt.

Ich hatte dieser Gesprächsrunde mit Spannung und Respekt entgegengesehen. Ich freute mich darüber, dass das Gespräch so konstruktiv verlaufen war, alle Seiten zu Wort gekommen waren und vieles klarer geworden war. Was wir mit den Ergebnissen des runden Tisches zum Thema Artenschutz machen sollten, war uns zunächst nicht klar: Es war noch einmal deutlich bewusst geworden, dass Konsumenten und Politik handeln müssen, um eine gute Lösung für die Landwirte und den Artenschutz zustande zu bringen. Gleichzeitig war auch klar, dass eine so komplexe Formulierung nicht in den Gesetzestext eines Volksbegehrens gegossen werden konnte. So standen wir zwar inhaltlich auch nach dem Gespräch noch hinter den Forderungen des Volksbegehrens, doch die greifbar gewordene Existenzangst der Landwirte hatte uns berührt und wir konnten deren Sorgen verstehen.

Ich fühlte mich an unsere eigenen Erfahrungen mit Greenpeace erinnert. Auch wir hatten uns von der Umweltorganisation enorm unter Druck gesetzt gefühlt, als es um das Thema PFC ging. Wir hatten drei Jahre gebraucht, bis wir das Detox-Commitment unterzeichneten, obwohl wir von Anfang an von der Richtigkeit der Forderungen überzeugt gewesen waren. Die verhärteten Fronten, die zu Anfang zwischen uns geherrscht hatten, waren hinderlich für den Veränderungsprozess gewesen. Letztendlich waren diese Gedanken ausschlaggebend dafür, dass wir unser Logo und die Unterstützung für das Volksbegehren Pro Biene zurücknahmen: Wir wollten eine weitere Polarisierung und Verhärtung der Fronten vermeiden. Es fühlte sich so an, als ob der Druck bereits als so übermächtig empfunden wurde, dass er zukunftsgerichtetes Denken und Handeln erschwerte. Ich war erleichtert, als sich die Landesregierung in die Diskussion einschaltete und Mitte Dezember 2019 einen Kompromiss erarbeitete. Ich begrüße, dass den Landwirten in ihren Bedenken entgegengekommen, auch Privatgärtner mit in die Verantwortung genommen wurden und die Landesregierung über sechzig Millionen Euro für den Artenschutz bereitstellen wird.

Aus alledem haben wir viel gelernt, zum Beispiel, dass es für uns, die Sache und die Menschen auch mal richtig sein kann, wieder einen Schritt zurückzugehen. Aber auch, dass es nicht nur wichtig für den Planeten, sondern für die eigene Überlebensfähigkeit wichtig ist, sich als Unternehmen der eigenen gesellschaftlichen Verantwortung bewusst zu sein. Dass man die Auswirkungen seines unternehmerischen Handelns auf Menschen und Natur kennen sollte. Dass man anerkennen sollte, wenn man dadurch Teil eines Problems ist und man mit einer offenen und proaktiven Haltung an Lösungen arbeiten sollte.

Wir handeln mittlerweile, bevor der Druck kommt und sind dadurch im besten Fall der Entwicklung einen Schritt voraus, statt ihr hinterherzuhecheln. Dadurch, dass wir uns der Verantwortung in allen Feldern unseres Handelns kontinuierlich neu stellen, haben wir als Organisation gelernt, mit Veränderungen und hoher Komplexität umzugehen. Wir schaffen es, Lösungen zu finden, wo eigentlich alles nach Scheitern aussieht. Für mich ist diese Haltung ein Schlüssel dafür, dass wir lösungsorientiert, gestaltungsfähig und innovationsstark sind.

Ich wünsche mir, dass die verschiedenen Branchenverbände, die häufig ihre Aufgabe darin sehen, ihre Unternehmen vor zu vielen Anforderungen zu beschützen und für die Bewahrung des Status quo kämpfen, stärker genau darin ihre Bestimmung sehen: ihre Unternehmen aktiv dabei zu unterstützen, sich durch proaktives, verantwortungsvolles Handeln fit für die Zukunft aufzustellen. Nicht nur für unseren Planeten, der diese Unterstützung dringend benötigt. Sondern weil es die strategische und organisatorische Zukunftsfähigkeit der Unternehmen unterstützt und letztendlich, weil die eigenen Kunden das eigentlich schon lange erwarten – und häufig zu Recht.

WACHSTUM IST NICHT ALLES!

42,6 Grad Celsius. Am 25. Juli 2019 wurde in Deutschland ein neuer Temperaturrekord aufgestellt. Viele Regionen litten unter der enormen Hitzewelle und der lange anhaltenden Trockenheit, die ganze Waldstriche verdorren ließ und uns klar vor Augen führte, dass die Klimaerwärmung bereits deutliche Auswirkungen, nicht in fernen Ländern, sondern direkt vor unserer Haustür zeigte. Für uns als Unternehmen war außerdem eine deutliche Stagnation im direkten Abverkauf unserer Produkte spürbar. Mehr als die Hälfte unserer Produkte ist Funktionsbekleidung für den Einsatz in der Natur.

Fünf Tage nach dem Hitzehöchstwert folgte ein weiterer Rekord: Am 29. Juli war der Earth Overshoot Day, also der Tag, an dem wir als Menschheit die Ressourcen der Erde für dieses Jahr bereits aufgebraucht hatten. Berechnet wird das Datum über Messmethoden zu unserem ökologischen Fußabdruck und der Biokapazität der Erde; die natürlichen Ressourcen der Erde werden unserem Verbrauch gegenübergestellt. Wir hatten also schon nach knapp sieben Monaten die Menge verbraucht, die die Ökosysteme der Erde in einem ganzen Jahr regenerieren können. Bis zum Jahresende summierte sich der gesamte Verbrauch der Menschheit auf die Ressourcen von 1,75 Erden. Wir leben auf Kosten nicht erneuerbarer Ressourcen der Erde und die Auswirkungen dieses Überkonsums und dem damit verbundenen Anstieg an Treibhausgasen werden nicht nur in Form von zunehmenden

Wetterextremen wie der Hitzewelle immer deutlicher spürbar. Seit den Siebzigerjahren wird dieses Datum errechnet. Damals lag der Erdüberlastungstag noch Ende Dezember, seitdem rückt er weiter Richtung Jahresmitte. So früh wie 2019 wurde er noch nie erreicht.

Ich empfinde solche Rekorde als Weckrufe. Sie zeigen, dass wir an unsere Grenzen stoßen und sie zum Teil bereits überschritten haben. Ich mache mir Sorgen um die Zukunft unserer Kinder, wenn unser übermäßiger Ressourcenverbrauch als Folge von scheinbar grenzenlos möglichem Wachstum zur Gefahr für unser Klima und unseren Planeten wird. Ich sehe es angesichts solch deutlicher Signale als moralische Verpflichtung, Unternehmen so zu führen, dass sie ganzheitlich Verantwortung für die Auswirkungen ihres Handelns übernehmen.

Eine meiner wesentlichen Erkenntnisse auf unserem nachhaltigen Weg ist jedoch, dass es gegen den gesunden Menschenverstand verstößt, wie schwer und teilweise riskant es ist, dies freiwillig zu tun, denn man fügt sich damit starke Wettbewerbsnachteile zu. Man betreibt nicht nur wesentlich mehr Aufwand, sondern bürdet sich auch große Mehrausgaben auf. Zum Beispiel beschäftigen wir bei VAUDE mehr Personen im Einkauf, um faire Produktionsbedingungen sicherzustellen, in der Produktentwicklung, um Forschung und Entwicklung für umweltfreundliche Materialien voranzutreiben, oder in der Unternehmensentwicklung, um nachhaltige Konzepte einzuführen. Wir geben mehr Geld für nachhaltige Materialien, faire Produktionsbedingungen, Klimakompensationen sowie Audits oder Zertifizierungen aus. Gleichzeitig stehen wir in direktem Wettbewerb und Vergleich mit Marken, die das nicht oder nur eingeschränkt tun. Das bedeutet, dass diese entweder wesentlich günstigere Preisen anbieten oder wesentlich höhere Gewinne einstreichen können. Wir selbst können die höheren Kosten meist nicht in voller Höhe an unsere Konsumenten weitergeben. Wir vertreiben unsere Produkte bis auf Ausnahmen nicht in Bioläden, in denen ein höheres Preisniveau als selbstverständlich akzeptiert wird, sondern im ganz normalen Sport-, Outdoor- oder Radsport-Fachhandel. Häufig wird mir die Frage gestellt, warum wir nicht mehr reichweitenstarke Werbung machen. Unser Konzept sei doch toll, das müssten einfach mehr Menschen erfahren. Die Antwort fällt nicht schwer. Wir haben durch unseren nachhaltigen Weg höhere Ausgaben als andere Unternehmen, und es bleibt uns schlicht weniger Budget übrig, um große Marketingkampagnen zu lancieren. Ich finde es angesichts dieser Schwierigkeiten nicht erstaunlich, dass sich noch verhältnismäßig wenige Unternehmen intensiv um ein nachhaltiges Wirtschaften bemühen.

Wenn man über die Gründe nachdenkt, stößt man unweigerlich auf die Ausgestaltung unseres Wirtschaftssystems, in dem Unternehmen einseitig nach betriebswirtschaftlichen Kennzahlen beurteilt und behandelt werden – beispielsweise für die Vergabe von Krediten, von öffentlichen Aufträgen oder für die Bemessung von Steuern: Es zählen betriebswirtschaftliche Kennzahlen wie Cash Flow, Preis-Leistungs-Verhältnis oder Umsatz und Ertrag. Als wirtschaftlich erfolgreich werden diejenigen betrachtet und gehandelt, die eine hohe Rendite erwirtschaften. Faktoren, wie umweltfreundlich oder eben eher umweltfeindlich ein Unternehmen wirtschaftet oder welche Verantwortung es in seinen Lieferketten oder dem Gemeinwesen gegenüber übernimmt, spielen hierbei eine untergeordnete Rolle. In der Folge werden Geschäftspraktiken gefördert, die sich durch Rücksichtslosigkeit oder Verantwortungslosigkeit auszeichnen. Mir ist auf dem Weg des nachhaltigen Wirtschaftens noch einmal bewusst vor Augen geführt worden, dass wir uns ein System geschaffen haben, in dem die Rücksicht auf Mensch und Natur nachrangig ist und in dem wir unsere Lebensgrundlage zu leichtfertig aufs Spiel setzen.

»Mit wem von dieser Runde würden Sie am liebsten in die Zukunft gehen?«, wurde ich am Ende einer Podiumsdiskussion gefragt, bei der ich 2011 Christian Felber kennenlernte. Ich war als Referentin eingeladen, um die Nachhaltigkeitsstrategie von VAUDE vorzustellen, er stellte das alternative Wirtschaftsmodell der Gemeinwohlökonomie (GWÖ) vor. Hier wird aufbauend auf den Gedanken unserer Verfassung, das Gemeinwohl in den Mittelpunkt unternehmerischen Handelns gestellt. In Artikel 14 des Grundgesetztes steht: »Eigentum verpflichtet. Sein Gebrauch soll zugleich dem Wohl der Allgemeinheit dienen.« In der bayerischen Verfassung steht sogar wortwörtlich: »Die gesamte wirtschaftliche Tätigkeit dient dem Gemeinwohl (…).« Kern der Gemeinwohlökonomie ist ein konkretes Bewertungsverfahren für Unternehmen in Form der sogenannten Gemeinwohlbilanz. Während die herkömmliche Handelsbilanz eines Unternehmens dessen betriebswirtschaftliche Kennzahlen und finanzielle Werte abbildet, bewertet die Gemeinwohlbilanz den Erfolg eines Unternehmens nach demokratischen Grundwerten, also danach, was dem Wohl von Mensch und Umwelt dient. Das bedeutet konkret, dass in der dazugehörenden Bilanzierung Aspekte wie Menschenwürde, Solidarität, ökologische Nachhaltigkeit, soziale Gerechtigkeit sowie Mitbestimmung und Transparenz betrachtet werden. All diese Aspekte werden in Bezug auf die Lieferanten, Eigentümer und Finanzpartner, Mitarbeitenden und Kunden des Unternehmens sowie die Gesellschaft berücksichtigt und mit einem Punktesystem bewertet. Ziel dieser Art von Blick auf das eigene Wirtschaften ist es, selbst einschätzen und durch externe Auditierung auch nachweisen zu können, wo man sich als Unternehmen im Hinblick auf seinen Beitrag zum Gemeinwohl befindet. Basis ist immer, dass man gesetzliche Vorschriften einhält. Darüber hinaus gibt es aber einen enormen Spielraum, den man Schritt für Schritt ausschöpfen und zum Beispiel bei der Lieferkette hin zu einem vorbildlich ethischen Beschaffungsmanagement stetig verbessern kann. Angesichts meiner eigenen Erkenntnisse über die Sinnhaftigkeit, aber auch die Schwierigkeiten des nachhaltigen Wirtschaftens stieß diese Idee der Unternehmensbewertung bei mir auf starke Resonanz. Das hörte sich für mich nach einer logischen und zukunftsgerichteten Vision an.

Für mich war am Ende der Podiumsdiskussion daher sofort klar, dass ich Christian wählte, und lud ihn danach zu uns nach Obereisenbach ein. Bereits ein paar Wochen später besuchte er uns und stellte uns in aller Ausführlichkeit die Gemeinwohlökonomie vor. Uns interessierte vor allem die Frage, ob wir uns mit den Grundsätzen der GWÖ identifizieren konnten oder ob wir auf größere Meinungsverschiedenheiten stoßen würden. Tatsächlich gab es ein paar Kriterien der Gemeinwohlbilanz, die wir kritisch sahen, wie beispielsweise die Ausweitung der Eigentumsrechte des Unternehmens auf Mitarbeitende, Kunden oder Lieferanten. Wir planten auch keine Maßnahmen, um unsere Mitarbeitenden ihr Gehalt selbst bestimmen oder ihre Führungskräfte selbst wählen zu lassen. Die allermeisten Kriterien empfanden wir jedoch als nachvollziehbar. Selbst diejenigen, die für uns nicht infrage kamen, konnten wir zumindest in der angestrebten Zielrichtung gutheißen. Wir waren uns daher rasch einig, dass wir VAUDE unter den Gesichtspunkten der Gemeinwohlbilanz durchleuchten wollten. Wir waren ohnehin gerade in der Erstellung unseres Nachhaltigkeitsberichts gemäß den international anerkannten Richtlinien der Global Reporting Initiative. Wir gingen aufgrund vieler inhaltlicher Überschneidungen daher davon aus, dass der Aufwand für die Erstellung und Auditierung der Gemeinwohlbilanz sich in Grenzen halten würde. Einen Mehrwert versprachen wir uns davon, eine andere Perspektive auf unsere Unternehmensaktivitäten zu gewinnen, uns im Vergleich mit anderen Unternehmen bewerten zu lassen und vor allem, ein Zeichen zu setzen, für eine andere Form des Wirtschaftens!

Meiner Meinung nach ist die Gemeinwohlbilanz ein ideales Instrument, um Unternehmen, Politik und Konsumenten gleichermaßen zu sensibilisieren, welche Verantwortung die Wirtschaft in einem global vernetzten System hat und wie sie diese tatsächlich wahrnimmt. Aus Unternehmenssicht muss man sich bei der Erstellung der Gemeinwohlbilanz mit Fragen auseinandersetzen, denen man sich normalerweise nicht oder nur eingeschränkt stellt. Beispielsweise danach, wie gemeinwohlorientiert die Finanzierung des eigenen Unternehmens ist, wie das ökologische Verhalten der Mitarbeitenden gefördert wird, welche gesellschaftliche Wirkung die Produkte und Dienstleistungen entfalten oder auch danach, wie die eigene ideale Unternehmensgröße aussieht, denn natürlich steht die GWÖ auch dem herkömmlichen Leitprinzip des kontinuierlichen Wirtschaftswachstums kritisch gegenüber. Kurzum: Es bringt Unternehmen dazu, sich intensiv mit ethischen Grundsatzfragen zu beschäftigen.

Für den verantwortungsbewussten Konsumenten könnte die Punktzahl eines Unternehmens aus der Gemeinwohlbilanz als Grundlage für Kaufentscheidungen herangezogen werden. Aus politischer Sicht könnte mithilfe der Gemeinwohlbilanz die Übernahme von unternehmerischer Verantwortung gefördert werden. Es wäre wünschenswert, dass wir an den Punkt kommen, dass Unternehmen auch daran gemessen werden, inwieweit sie Verantwortung für Mensch und Umwelt übernehmen und die wahren Kosten für ihre Produkte berücksichtigen. Eine wirksame Maßnahme wäre dabei zum Beispiel, wenn Steuersätze, öffentliche Aufträge oder Wirtschaftsfördermaßnahmen mit dem Ergebnis der Gemeinwohlbilanz der Unternehmen verknüpft würden. Denn wenn wir Unternehmen über höhere Steuersätze für den ökologischen und sozialen Schaden, den sie anrichten, zur Kasse bitten, würden globale Herausforderungen wie die Klimaerwärmung sofort einen ganz anderen Stellenwert in unserer Wirtschaftswelt erhalten.

Mit großer Überzeugung wurden wir also zum Pionierunternehmen der Gemeinwohlökonomie. Um keine Missverständnisse zu wecken: Selbstverständlich sind betriebswirtschaftliche und finanzielle Kennzahlen auch für VAUDE wichtig und unerlässlich. Nicht nur als Nachweis für unsere Banken als externe Geldgeber, sondern vor allem für uns selbst als Orientierung für unseren wirtschaftlichen Erfolg in einem extrem harten und umkämpften Markt. Es geht uns also nicht darum, das eine mit dem anderen System oder die jeweiligen Kriterien gegeneinander auszuspielen. Stattdessen halte ich die Gemeinwohlökonomie für eine wunderbare Ergänzung, mit deren Hilfe mindestens genauso wichtige Faktoren ins Bewusstsein des täglichen unternehmerischen Handelns gerückt werden können und damit eine gute Balance für nachhaltiges Wirtschaften erreicht werden kann.

Seither erstellen wir regelmäßig eine Gemeinwohlbilanz. Bei unserer letzten Auswertung haben wir eine Gesamtpunktzahl von 631 Punkten auf einer Skala von minus 3600 bis plus 1000 erreicht. Das ist für ein Wirtschaftsunternehmen eine sehr hohe Wertung und wir befinden uns damit in guter Gesellschaft. Das Unternehmen Bodan, Großhandel für Naturkost aus Überlingen am Bodensee, hat beispielsweise zuletzt 595 Punkte erreicht; als gemeinnützige Organisation lag Greenpeace mit 653 Punkten nur knapp über uns. Seit einigen Jahren bin ich selbst offizielle Botschafterin der Gemeinwohlökonomie. Es freut mich, dadurch mitzuerleben und dazu beizutragen, dass dieses alternative Wirtschaftsmodell immer bekannter wird. Letztes Jahr stellten Christian und ich die GWÖ beispielsweise bei einer Konferenz der UN-Wirtschaftskommission für Europa in Genf vor und zeigten auf, wie das Instrumentarium eingesetzt werden kann, um die Nachhaltigkeitsziele der UN zu erreichen.

Was aber ist unter diesen Voraussetzungen die ideale Unternehmensgröße für VAUDE? In gewisser Weise sind wir zum Wachstum verdammt. Wir sind in einer dynamischen, international vernetzten Branche tätig, die von Konzentrationsprozessen gekennzeichnet ist. Regelmäßig werden große Sport- und Outdoor-Händler von anderen Händlern oder Mitbewerbern übernommen. Vor einigen Jahren hat beispielsweise die Fenix Gruppe, zu der unter anderem auch unser Mitbewerber Fjällräven gehört, unseren Kunden Globetrotter aufgekauft. Zuletzt wurde unser Kunde Sport Scheck von Signa übernommen, zu dem auch unsere inzwischen miteinander verschmolzenen Kunden Kaufhof und Karstadt gehören. Das sind nur einige von zahlreichen Beispielen der letzten Jahre. In der Folge solcher Konzentrationsprozesse werden sowohl unsere Mitbewerber als auch unsere Händler immer größer und erhalten damit mehr Marktmacht. Gleichzeitig zeichnen sich viele unserer Großkunden durch finanzielle Instabilität aus. Das heißt für uns, sollte einer dieser Großkunden ausfallen und seine Aufträge bei uns stornieren, dann müssen wir dafür Sorge tragen, dass das nicht für uns selbst zum Risiko wird. Wir müssen also schon aus Risikomanagement-Perspektive eine gewisse Unternehmensgröße anstreben, um stabil zu sein und gut bestehen zu können. Zugleich erleben wir immer wieder, dass unser nachhaltiger Weg, beispielsweise bei der Umstellung auf umweltfreundliche Materialalternativen, leichter ist, je größer man ist und je mehr Marktmacht man als Unternehmen besitzt. Als familiengeführtes, mittelständisches Unternehmen ist es für uns daher klar, dass wir weiterhin wachsen wollen. Die Fragen, mit denen wir uns seit vielen Jahren aktiv beschäftigen, sind klassische Überlegungen des Postwachstums: Wie können wir nachhaltig wachsen? Wie schaffen wir es, dass wir mit unserer Wirtschaftsweise und unseren Produkten einen möglichst kleinen ökologischen Fußabdruck hinterlassen?

Zunächst bedeutet das für uns, dass wir unsere Produkte so ressourcenschonend wie möglich herstellen. Seit 2012 sind wir klimaneutral an unserem Standort in Deutschland. Damit sind auch alle unsere Produkte klimaneutral, die hier produziert werden. Unser nächstes Ziel ist es, in den nächsten Jahren alle Produkte weltweit klimaneutral herzustellen und unseren Beitrag dazu zu leisten, dass die globale Erderwärmung entsprechend der Ziele des Pariser Klimaabkommens auf maximal 1,5 Grad Celsius beschränkt wird. Um dies nachweislich zu erreichen, arbeiten wir mit der wissenschaftlich anerkannten Methode der Science Based Targets Initiative. Hierzu werden wir zunächst die Energieverbräuche unserer rund 45 Produzenten inklusive der vorgelagerten Materialherstellung erfassen und unsere CO_2-Emissionen schrittweise reduzieren. Das soll durch den Umstieg auf erneuerbare Energien in den Produktionsstätten, durch maximale Effizienz sowie die Verwendung ressourcenschonender Materialien gelingen. Emissionen, die wir nicht vermeiden können, werden wir kompensieren. Obwohl wir noch in der Erfassung der weltweiten Emissionen sind, was sich durch fehlende Datenerfassung bei unseren externen Partnern als schwieriger erweist, als wir anfangs hofften, haben wir uns schon erste konkrete Teilziele gesetzt. So wollen wir bis 2024 unsere Produkte aus überwiegend biobasierten oder recycelten Materialien herstellen. Mit diesem Ansatz verfolgen wir das Prinzip der Kreislaufwirtschaft, denn sowohl durch den Einsatz nachwachsender Rohstoffe als auch durch recycelte Materialien werden fossile Ressourcen geschont und CO_2-Emissionen bei der Herstellung deutlich reduziert. Momentan sind wir bei einem Anteil von etwa 30 Prozent unserer Produkte. Jeder weitere Schritt ist mit Risiken und hohen Forschungs- und Materialkosten verbunden. Denn einerseits existieren noch nicht für alle Materialarten Recyclingversionen, andererseits möchten wir einen möglichst hohen Anteil an Recyclingmaterial einfließen lassen, der dann jedoch die funktionellen Eigenschaften verändert. Gleiches gilt für die Entwicklung von biobasierten Materialien; da betreten wir echtes Neuland. Gleichzeitig entstehen wirklich spannende und zukunftsorientierte Produktentwicklungen wie wasserabweisende Jacken aus Baumwolle, gefärbt mit pflanzlichen Abfällen, Regenjacken aus Kunstfasern, die jedoch überwiegend auf Rizinusöl statt auf Rohöl basieren, Membranen in wasserdichten Materialien oder Sitzpolster für Radhosen aus gebrauchtem Kaffeesatz sowie Trinkflaschen, die aus den Resten der Zuckerrohrproduktion hergestellt werden.

Diese zukunftsweisenden Entwicklungsfelder machen mir große Freude. Wir haben uns durch unser engagiertes Innovationsteam als mittelständisches Familienunternehmen eine anerkannte Expertise für Biokunststoffe aufgebaut und gelten über unsere Branche hinaus dafür als Vorreiter. Mir führt das vor Augen, zu welchem Innovationstreiber unsere konsequent nachhaltige Ausrichtung geworden ist und wie stark der Antrieb ist, Produkte nicht nur mit optimaler Funktion, sondern auch mit kleinstmöglichem ökologischem Fußabdruck zu entwickeln.

Wie sehr dieses Bestreben mittlerweile in unseren Köpfen verwurzelt ist, zeigt das Beispiel meiner Kollegin Iris aus unserer Manufaktur, die sich Gedanken darüber machte, wie man Reste und Verschnittstücke, die bei der Produktion unserer Radtaschen anfallen, noch verwenden könnte, statt sie zu entsorgen. Aus der anfänglichen Idee entstand unter Mitwirkung von Kollegen und Kolleginnen aus der Produktentwicklung ein konkreter Schnittplan für Shopper-Taschen, die patchworkartig und kunterbunt aus den verschiedenfarbigen Materialresten der Manufaktur zusammengenäht werden konnten. Die ersten Muster waren direkt heiß begehrt. Die Idee war zu der Zeit entstanden, als wir viele geflüchtete Menschen zu uns eingeladen hatten und dabei neben anderen Angeboten auch Nähworkshops organisierten. Hier wurden nun also fleißig Shopper-Taschen produziert. Den Erlös der ersten Taschen spendeten wir deshalb zugunsten des Asylnetzwerks.

Der große Erfolg ermutigte uns weiterzudenken, sodass wir 2017 mit Startfördermitteln der Deutschen Bundesstiftung Umwelt unsere kleine Upcycling-Werkstatt gründen und damit zwei Stellen für Geflüchtete schaffen konnten. In dieser Werkstatt produzieren wir mittlerweile auch für andere Unternehmen aus deren Abfall- und Restmaterialien schöne und häufig ungewöhnlich anmutende Produkte. Wir stellen beispielsweise Taschen und Rucksäcke aus dem Hüllenmaterial des Zeppelin-Luftschiffs der am Bodensee ansässigen

Deutschen Zeppelin-Reederei her oder nähen einfache Turn-
beutel aus den alten Werbebannern des Deutschen Alpenver-
eins. Doch nicht nur wir selbst erschaffen aus den Restmaterialien neue Produkte, wir bieten die Materialien seit Kurzem
auch für Do-it-yourself-Begeisterte, soziale Einrichtungen,
Schulen, Kindergärten und all diejenigen an, die selbst kreativ
werden möchten. Dazu haben wir mit eBay eine Upcycling-
Plattform für Restmaterialien gegründet. Die Erlöse kommen
einem guten Zweck zugute, und unser Ziel ist, dass möglichst viele Unternehmen aus den verschiedensten Branchen
dort ebenfalls Restmaterialien anbieten, die sich für Upcycling-
Produkte eignen.

Wir unterstützen darüber hinaus unsere Kunden in einem
möglichst bewussten Konsumverhalten. Denn am Ende hat
jede Verbraucherin und jeder Verbraucher einen enormen
Einfluss darauf, welchen ökologischen Fußabdruck die Produkte tatsächlich verursachen. Mit circa 30 Prozent fällt der
größte Anteil des ökologischen Fußabdrucks in die Nutzungs-
phase eines Produkts, das heißt, es bringt relativ wenig, wenn
wir eine Regenjacke möglichst umweltfreundlich herstellen,
diese dann aber nur kurze Zeit im Einsatz ist. Für mich bedeutet das, dass wir uns neben den vielen Maßnahmen zur
Ressourcenschonung in der Produktherstellung auch viele
Gedanken darüber machen, wie wir unsere Produkte so entwickeln, dass sie möglichst langlebig und reparabel sind.
Durch einen kontinuierlichen Verbesserungsprozess, in dem
wir im Fall von Reklamationen beispielsweise Verarbeitungs-
weisen anpassen, andere Materialien oder andere Färbever-
fahren einsetzen, ist es uns über die letzten zehn Jahre gelungen, die ohnehin schon geringe Reklamationsquote unserer
Produkte kontinuierlich weiter zu senken, auf mittlerweile
0,4 Prozent.

Wir animieren unsere Kunden dazu, unsere Produkte möglichst lange zu gebrauchen und zeigen zahlreiche Möglichkeiten auf, was sie selbst alles dafür tun können. Das Angebot reicht von Pflegetipps auf unserer Webseite für eine umweltfreundliche, schonende Wäsche bis hin zu zahlreichen Möglichkeiten, Produkte zu reparieren. Zum einen haben wir dazu unsere hauseigene Reparaturwerkstatt, in der sich rund fünfzehn Kollegen und Kolleginnen darum bemühen, möglichst viele der eingesandten Produkte zu reparieren und ihnen damit ein längeres Leben zu schenken. Oft erhalten wir im Anschluss rührende Zuschriften, weil Menschen sich so darüber freuen, dass ihr geliebter Rucksack, mit dem sie schon die halbe Welt bereist haben, wieder funktionstüchtig gemacht wurde. Das motiviert uns ungemein. Natürlich bekommen wir auch immer wieder Zuschriften von Menschen, die nicht nachvollziehen können, warum wir genau ihr Lieblingsprodukt nicht reparieren konnten, aber leider gibt es Reparaturen, die einfach zu aufwendig oder schlicht nicht mehr möglich sind. Zumindest im Moment, denn unser Ansporn liegt selbstverständlich darin, möglichst viele Produkte zu erhalten, daher investieren wir an dieser Stelle auch immer weiter in Maschinen sowie Schulungen und lassen unsere Erfahrungen aus der Reparaturwerkstatt direkt ins Design neuer Produkte einfließen.

Zum anderen kooperieren wir seit 2016 auch mit dem europäischen Ableger der Onlineplattform iFixit, um unsere Kunden zu unterstützen, ihre Produkte länger zu nutzen. Die Firmengründer wollten ein defektes iBook reparieren und mussten feststellen, dass dies vom Hersteller nicht durch Reparaturanleitungen unterstützt wurde. Das wollten sie nicht einfach hinnehmen und machten sich selbst daran, herauszufinden, wie man das Gerät reparieren kann und welche Werkzeuge dafür benötigt werden. Mittlerweile hat sich iFixit als Reparaturplattform mit downloadbaren Reparaturanleitungen und Bestellmöglichkeiten für Ersatzteile und Werkzeuge für unzählige Dinge des täglichen Lebens, vom Computer bis zum Auto, etabliert. Auch wir stellen dort circa dreißig Reparaturvideos, Ersatzteile und Werkzeuge für unsere Produkte zur Verfügung. Geht beispielsweise die Schnalle an einem VAUDE-Rucksack kaputt, dann kann ich auf iFixit eine neue bestellen und mir gleichzeitig anschauen, wie ich sie selbst professionell austauschen kann. Ich finde das fantastisch, und es freut mich sehr, dass diese Möglichkeit von Anfang an auch so stark genutzt wurde: Wir verkaufen pro Jahr mehrere tausend Ersatzteile. Aus dem gleichen Gedanken heraus kooperieren wir mit den Repair-Cafés in Deutschland. In zahlreichen Städten gibt es mittlerweile diese Orte, an denen sich Menschen treffen und gemeinsam Dinge reparieren. In unserem Werksverkauf am Firmensitz haben wir sogar ein eigenes Repair-Café speziell für unsere Produkte eröffnet. An den Öffnungstagen unterstützt eine Kollegin aus der Reparaturwerkstatt Menschen dabei, ihre ausbesserungsbedürftigen VAUDE-Produkte wieder funktions- und einsatzbereit zu machen.

Oft sind Produkte auch noch gut erhalten, viele Nutzer und Nutzerinnen haben aber einfach Lust auf etwas Neues. Laut einer Greenpeace-Studie aus dem Jahr 2015 werden 40 Prozent der gekauften Bekleidung entweder gar nicht oder nur sehr selten getragen. Entsprechend hat sich die globale Produktion von Bekleidung in den Jahren zwischen 2000 und 2014 verdoppelt! Wenn man weiß, wie aufwendig und ressourcenintensiv die Textilherstellung ist, dann ist klar, dass diese Art von Verschwendung zu Lasten der Natur und den Menschen, die sie herstellen, geht. Jeder von uns kann dazu beitragen, dass die Nutzungsdauer von Produkten verlängert wird und damit ihre Ökobilanz verbessert und Ressourcen geschont werden. Natürlich ist in den Studien von Greenpeace in erster Linie von Fast Fashion die Rede. Wir erleben die Bindung zwischen unseren Kunden und ihren Produkten sowohl bei Funktionsbekleidung als auch bei Outdoor-Ausrüstung als viel enger, das zeigt nicht zuletzt die hohe Akzeptanz des Reparaturservices durch unsere Kunden. Nichtsdestotrotz sehen wir unsere Verantwortung darin, unsere Kunden einerseits zu sensibilisieren und andererseits zu unterstützen, sich über ein zweites Leben ihrer Produkte Gedanken zu machen.

Optimal wäre natürlich, wenn wir eine komplette Kreislaufwirtschaft anbieten könnten, wie wir es damals mit unserem Recyclingnetzwerk Ecolog schon begonnen hatten. Da dies aber nach wie vor für den größten Teil unserer Produkte in der Umsetzung nicht realistisch ist, fokussieren wir uns momentan darauf, dass funktionstüchtige Produkte neue Besitzer erhalten. Für solche Fälle bieten wir in Kooperation mit eBay einen VAUDE-Second-Use-Shop an und animieren dazu, Produkte dort weiterzuverkaufen. Ebenso kooperieren wir mit Fairwertung: Bei der Kleiderspende an diese Organisation kann man sicher sein, dass die ausgediente Bekleidung einem guten Zweck zugeführt wird und im Idealfall noch einem zweiten oder dritten Besitzer Freude bereitet.

Die Frage, wie wir möglichst ressourcenarm wachsen können, beflügelt uns auch dazu, immer stärker in Richtung neuer Dienstleistungsformen zu denken. Warum muss jeder jeden Ausrüstungsgegenstand selbst besitzen? Wesentlich geringer wäre der Ressourcenverbrauch, wenn mehrere Menschen sich ein Produkt teilen würden. Wir beobachten, dass es nicht mehr den klassischen Wandertyp, Camper oder Mountainbiker gibt, sondern Sportarten heute meist parallel ausgeübt werden. Gleichzeitig fehlt in Stadtwohnungen der Stauraum für große Ausrüstungsgegenstände. Ebenso gibt es viele Menschen, die Outdoorurlaube nur selten machen oder vielleicht einfach mal ausprobieren wollen. Solche Menschen wollten wir ansprechen und gründeten 2017 unseren Mietservice iRentit.

Wir haben viele Produkte wie Zelte, Trekkingrucksäcke oder Radtaschen, die sich wunderbar dafür eignen. Über eine Onlineplattform können die Produkte bestellt werden; nach dem Einsatz kommen sie zu uns zurück und werden von unserem erfahrenen Servicepersonal gewartet, bevor sie dem nächsten Nutzer zur Verfügung stehen. So werden Ressourcen geschont, weil Ausrüstung nicht ungenutzt in Schränken liegt, sondern regelmäßig im Einsatz ist und bedarfsorientiert von verschiedenen Personen genutzt werden kann.

Wir stecken also sehr viel Energie in Maßnahmen, die auf den ersten Blick dazu führen könnten, uns ein Stück weit selbst abzuschaffen, weil sie dazu beitragen, dass unsere Produkte langlebiger werden oder von mehreren genutzt werden – wir also letztlich weniger neue Produkte verkaufen. Das ist auf der einen Seite richtig. Dennoch ist abzusehen, dass angesichts des übermäßigen Ressourcenverbrauchs weltweit Konsumenten und Konsumentinnen in Zukunft immer bewusster ihren Einkauf tätigen – besonders unsere Kunden. Wir nehmen also vorweg, was zukünftig ohnehin immer stärker nachgefragt wird. Dadurch sind wir glaubwürdig, überzeugen hoffentlich auch neue Kunden von uns und machen uns frühzeitig Gedanken über neue Geschäftsmöglichkeiten. Daher bin ich überzeugt davon, dass dieser Weg langfristig auch aus ökonomischer Sicht Sinn macht.

In meinen Augen gibt es viele Alternativen zu Wachstum, wie man es klassischerweise in Unternehmen versteht. Man muss den Blick nur etwas weiten und den Mut haben, andere Denkansätze zulassen. Es ist unglaublich bereichernd, dass bei uns im Unternehmen ganz selbstverständlich Ideen dazu entstehen oder sich aufgrund unserer Ausrichtung, unserer Expertise oder unseres breiten Netzwerks ergeben. Seit vielen Jahren betreiben wir beispielsweise bereits eine Green-Shape-Akademie, um unsere Händler und Verkäufer in Sachen Nachhaltigkeit zu schulen. Auch von Unternehmen anderer Branchen wird immer häufiger unsere Nachhaltigkeitskompetenz angefragt. Es macht uns viel Freude, unsere Erfahrungen weiterzugeben und eine nachhaltige Entwicklung auch anderswo anzustoßen. In der bisherigen Form, neben unserem eigentlichen Tagesgeschäft, schaffen wir es jedoch kaum, den vielen Anfragen gerecht zu werden. Daher planen wir nun den Aufbau einer Nachhaltigkeitsakademie, um unabhängig von unserem Unternehmensalltag Unternehmen und Organisationen bei den ersten Schritten zu einer nachhaltigen Transformation zu unterstützen. Ich blicke also zuversichtlich in die Zukunft und bin gespannt, was wir an weiteren neuen Geschäftsfeldern entwickeln.

HALTUNG ZEIGEN IN HALTLOSEN ZEITEN

»Soll man sich solche Bilder eigentlich anschauen?« Hitzig diskutierten meine Tettnanger Freunde und ich diese Frage eines Abends beim Anblick der drastischen Kriegsbilder aus Syrien bei *Spiegel Online*. Eigentlich waren wir uns schnell einig: Hinsehen ist besser als Wegsehen. Aber ein tatenloses Hinsehen ist schwer auszuhalten angesichts so viel menschlichen Leids. »Müssen wir denn tatenlos bleiben?« Die Frage meiner Freundin Kerstin beschäftigte uns die nächsten Stunden intensiv. Was konnte man von hier aus denn schon tun? Der Abend, von einer Menge Rotwein begleitet, wurde lang, die ersten Ideen entstanden und verfestigten sich, und die anfängliche Hilflosigkeit und Schwere verwandelte sich zunehmend in ein konkretes Vorhaben.

Sechs Wochen später, nach vielen Treffen, intensiver Planung und viel Medienarbeit, veranstalteten wir in Tettnang den Lichterzug »Wir für Aleppo«. Mitglieder von Ärzte ohne Grenzen und mehrere Bewohner aus Aleppo berichteten sehr bewegend in kurzen Reden vom Krisengebiet. Zum Beispiel der frühere Apotheker Rami Hussein, der stockend davon erzählte, wie seine Freundin in Aleppo auf der Straße vor seinen Augen von einer Kugel getroffen wurde und später in seinen Armen starb. Eine neunzehnjährige Schülerin berichtete, dass ihr als Jesidin der Schulbesuch verweigert worden war. Hier könne sie zur Schule gehen, sagte sie dankbar, sie möchte Erzieherin werden. Als im Anschluss ein Friedenslied auf Arabisch gesungen wurde, standen nicht nur vielen geflüchteten Teilnehmern und Teilnehmerinnen die Tränen in den Augen.

Auf einem Markt der Möglichkeiten konnten die Besucher des Abends an verschiedenen Ständen von Amnesty International und Flüchtlingsnetzwerken direkt miteinander ins Gespräch kommen, sich informieren, Petitionen unterzeichnen oder spenden. 500 Menschen zählten wir an diesem Abend – viel mehr, als wir es in einer Kleinstadt wie Tettnang bei Minusgraden im Winter erwartet hätten. Wir waren überwältigt von der positiven Resonanz der Besucher und dem Zusammengehörigkeitsgefühl an diesem Abend. Besonders berührte uns, dass einige der teilnehmenden Syrer und Syrerinnen Fotos und Videos der Aktion an Freunde und Familien in ihre Heimat schickten – als Zeichen, dass sie nicht vergessen sind.

Dieses Gefühl, nicht tatenlos zusehen zu wollen, war seit dem Sommer 2015, in dem sich viele Menschen auf der Flucht vor Krieg und politischer Verfolgung auf den Weg nach Europa gemacht hatten und teilweise zu Fuß bis nach Deutschland gekommen waren, auch bei VAUDE vorherrschend. Viele hatten sich bereits spontan privat und ehrenamtlich in ihren Gemeinden engagiert, und immer öfter wurde mir in der Arbeit die Frage gestellt, wie wir als Unternehmen bei der Integration helfen könnten. Wir haben uns immer als Teil der Gesellschaft verstanden, in der wir mit unseren Kompetenzen Verantwortung übernehmen. Ob wir als Betreiber des örtlichen Freibads dessen Schließung verhinderten oder als Träger des Kinderhauses die fehlende Kinderbetreuung ersetzten. Für uns stand stets im Fokus, unseren Beitrag für das Funktionieren der Gesellschaft als Ganzes zu leisten.

Mir war bewusst, dass soziale Spannungen drohen würden, wenn Deutschland es nicht schaffen würde, die vielen Menschen schnell und gut zu integrieren. Daher freute ich mich sehr über das Engagement meiner Kolleginnen und Kollegen und vor allem darüber, dass aus der Mitte von VAUDE der Wunsch entstand, nicht nur als Einzelpersonen, sondern als gesamtes Unternehmen tätig zu werden. Ich habe dieses Anliegen in der Geschäftsleitung besprochen, und es war rasch klar, dass wir mit anpacken. Dabei ging es uns wie vielen anderen Unternehmen, Kommunen und Ehrenamtlichen. Wir hatten keinen Masterplan in der Schublade, sondern haben nach bestem Wissen und Gewissen und mit vielen Ideen aus dem Kollegenkreis einfach losgelegt: Wir organisierten Kleider- und Schlafsackspenden, vernetzten uns mit den Helferkreisen aus den umliegenden Gemeinden und boten Freizeitbeschäftigungen wie die Teilnahme an unseren Sportkursen und Nähworkshops an.

Eine unserer ersten Erkenntnisse war, dass das Interesse an Freizeitmöglichkeiten eher gering war, aber der Wille zur Integration durch Arbeit riesig. Unsere Workshops wurden als Möglichkeit zur Qualifizierung angesehen und mit Begeisterung angenommen. Vor allem durch Lisa, meine Kollegin aus der Unternehmensentwicklung, die sich mit viel Herzblut auch außerhalb von VAUDE in der Flüchtlingshilfe engagierte, reifte die Erkenntnis, dass viele der Geflüchteten auf Arbeitssuche jedoch gar nicht wussten, wie man sich in Deutschland überhaupt auf einen Job bewirbt. Aus diesem Gedanken heraus entstand im Herbst 2016 unser Tag der offenen Tür. Der Plan war, dass wir Geflüchtete aus der Region einladen, ihnen unterschiedliche wirtschaftliche Berufsbilder vorstellen und Bewerbungstraining anbieten würden. Rückblickend bin ich immer noch unglaublich stolz auf die vielen Kollegen und Kolleginnen, die sich spontan bereit erklärten, neben der ohnehin umfangreichen Arbeit diesen ganzen Tag mit zu organisieren und zu gestalten.

Vom großen Erfolg der Veranstaltung wurden wir komplett überrascht: Über hundert Menschen, überwiegend Geflüchtete, aber auch Begleitpersonen aus den Helferkreisen, nahmen an unserer in drei Sprachen abgehaltenen Veranstaltung teil: Auf Deutsch, Englisch und auf Farsi begrüßten und informierten wir die vielen Menschen über unsere verschiedenen Abteilungen und deren spezifische Anforderungen. Auch die örtliche Sparkasse, unsere Hausbank, sowie Verantwortliche des regionalen Arbeitsamts waren mit einem Stand vertreten, um beispielsweise zu erklären, wie man ein Konto eröffnet oder welche Papiere man benötigt, um als Arbeitnehmer oder Arbeitnehmerin durchzustarten.

Womit wir ebenfalls überhaupt nicht gerechnet hatten: Jeder zweite Besucher drückte unserer Personalleiterin Miriam und ihrem Team gleich seinen Lebenslauf in die Hand und betonte, gerne bei uns arbeiten zu wollen. Viele nutzten auch die Gelegenheit, um beispielsweise von ihren Erfahrungen als Näher zu erzählen. Ich fand es beeindruckend, die Menschen kennenzulernen und von ihren beruflichen Hintergründen zu erfahren. Ob der nigerianische Designer oder der syrische Schneider, ob in brüchigem Deutsch oder mithilfe eines Übersetzers: Wenn die Menschen von ihren bisherigen Tätigkeiten erzählten, dann veränderte sich ihre Körperhaltung, Leidenschaft wurde sichtbar, Stolz blitzte aus ihren Augen und der Wunsch war spürbar, daran wieder anknüpfen zu können.

Ab dem Tag beschäftigten wir uns intensiv mit dem Gedanken, Geflüchtete bei uns einzustellen. Wir entschieden uns, denjenigen, die wir bei den Nähworkshops als engagiert und motiviert kennengelernt hatten, sowie später auch einigen Menschen mit Näherfahrung, die wir am Tag der offenen Tür getroffen hatten, zunächst als Praktikanten eine Chance zu geben und sie dann im zweiten Schritt fest anzustellen. Innerhalb von eineinhalb Jahr beschäftigten wir elf Mitarbeitende aus Syrien, Afghanistan, Nigeria, Gambia und dem Irak. Schritt für Schritt erschlossen wir uns dabei pionierhaft den Weg zur Integration von Geflüchteten in den Arbeitsmarkt. Zu diesem Zeitpunkt war weder absehbar noch wurde es in der Öffentlichkeit thematisiert, wie sich die Bleibeperspektive der Menschen entwickeln würde. Was jedoch rasch klar wurde: Integration ist kein Spaziergang, sondern harte Arbeit für alle Beteiligten. Bis die Geflüchteten bei uns anfangen konnten, wühlten sich meine Kolleginnen Miriam und Raphaela aus der Personalabteilung, Sarra aus der Manufaktur sowie meine Unternehmensentwicklerin Lisa durch einen regelrechten Behördendschungel. Anfangs kannte sich auch auf den Ämtern keiner so richtig aus, was alles zu berücksichtigen war, damit geflüchtete Menschen bei uns arbeiten durften. Dann mussten sich unsere neuen Mitarbeitenden in einen für sie völlig fremden Arbeitsalltag einfinden. Vor allem die ersten Monate erwiesen sich meist als besonders anstrengend. Da hat es des Öfteren auch bei uns geknirscht. In unseren Augen totale Selbstverständlichkeiten wie Krankmeldung, pünktliches Erscheinen oder eine Frau als Führungskraft waren für die neuen, fast ausschließlich männlichen Kollegen überhaupt nicht selbstverständlich. Und auch die eingeschränkte sprachliche Verständigung aufgrund fehlender Deutschkenntnisse machte die Zusammenarbeit nicht einfacher. Das Ganze ließ sich nur durch eine sehr enge Begleitung und Unterstützung unserer neuen Kollegen durch die extrem engagierten Kolleginnen und viele weitere Mitarbeitende stemmen, die sich als Paten zur Verfügung stellten.

Und durch ganz viel Herzblut und eine große Offenheit aller Beteiligten.

Ein Unternehmen ist immer auch ein Mikrokosmos der Gesellschaft: Neben dem hohen Engagement gab es auch bei uns durchaus Ängste und Vorbehalte. Gerade in einer Abteilung, in der mehrere Geflüchtete beschäftigt waren, wurde Unbehagen auch in Form von fiesen Sprüchen offenbar, wie: »Sind wir jetzt das Sozialamt?«, oder: »Stellen wir jetzt noch mehr Bombenleger ein?« – »So ein Verhalten geht gar nicht«, war Miriams spontane Reaktion. Wir waren uns einig, dass wir direkt handeln mussten und ins Gespräch kommen wollten. Wir machten uns auf den Weg in die betroffene Abteilung, um den Mitarbeitenden die Haltung und Werte von VAUDE zu erläutern und gleichzeitig auch klar und deutlich von ihnen einzufordern. Wir erklärten, dass für uns jeder Kollege und jede Kollegin die gleiche Wertschätzung und Respekt verdienten und dass wir erwarteten, dass die neuen Kollegen nicht nur akzeptiert, sondern dass sie bei der Integration auch aktiv unterstützt würden. Ich wurde sehr deutlich: »Wem das nicht gefällt, der muss sich überlegen, ob VAUDE der richtige Arbeitgeber ist.«

Diese Ansprache hat laut unseren Führungskräften einen starken Eindruck hinterlassen und war wohl in den folgenden Tagen oft Thema in Diskussionen zwischen den Mitarbeitenden. Natürlich waren von diesem Zeitpunkt an nicht plötzlich alle Probleme vom Tisch. Bis heute gibt es immer wieder Konflikte, die ihren Ursprung in gegenseitigen Vorurteilen haben. Dennoch war ab da für alle Beteiligten eine Richtung vorgegeben, und es entwickelte sich ein immer stärkeres Teamgefühl. Das wurde auch dadurch gefördert, dass einzelne Tandems entstanden: eine Kollegin, die besondere Verantwortung für ihren neuen Kollegen aus Gambia übernahm, oder ein Pärchen, das sich um den Kollegen aus Nigeria kümmerte. Gleichzeitig konnten viele der neuen Kollegen und Kolleginnen mit fortschreitenden Deutschkenntnissen und einem steigenden Verständnis für die Arbeit zunehmend zeigen, was tatsächlich alles in ihnen steckte. Gute Leistung, Verlässlichkeit und große Arbeitsmotivation sorgten auch im Team langfristig für Anerkennung.

Uns wurde durch diesen Zwischenfall bewusst, dass es tatsächlich nicht nur darum gehen konnte, dass unsere neuen Mitarbeitenden sich bei uns einfügen, sondern dass auch wir uns darum bemühen müssen, dass wir als Unternehmen bereit und in der Lage sind, sie integrieren zu können. Um intern Verständnis für die neuen Kollegen aufzubauen, initiierten wir viele Gespräche und veröffentlichten einzelne Fluchtursachen und Fluchtgeschichten in unserem Intranet. Dort erzählte beispielsweise unser syrischer Azubi Ibrahim von seinem syrischen Alltag in Angst und Unterdrückung, bis er 2015 Eltern und Geschwister zurückließ und mit seinem jüngeren blinden Bruder über den Libanon, die Türkei und Griechenland nach Deutschland flüchtete. Unter der engagierten Federführung von Miriam und ihrem Personal- und Organisationsteam, das durch viele andere Themen bereits gut ausgelastet war, rückten wir das Thema Vielfalt in unserer Mitarbeiterschaft in den Fokus der Aktivitäten und damit in die Sichtbarkeit aller: Um Führungskräfte kompetenter für die Herausforderungen mit einer vielfältigen Belegschaft zu machen, boten wir Diversity-Trainings an, in denen verständlich gemacht wurde, wie (auch in vermeintlich sehr toleranten Gemeinschaften) Diskriminierung oder Vorurteile entstehen und wirken, und wie wir durch bewusstes Verhalten gegensteuern können. Zudem veranstalten wir seither jährlich, in Zusammenarbeit mit der Charta der Vielfalt, einen Diversity-

Tag für alle VAUDEler. In einem Parcours der Vielfalt vermitteln wir dabei Informationen zu den verschiedensten Diversity-Themen, die ein Unternehmen beschäftigen kann: Religion- und Weltanschauungen, Lebensalter, Geschlecht, ethnische Zugehörigkeit, sexuelle Orientierung oder Behinderung. In Kombination mit Aktivitäten, bei denen eher Spaß und der lockere Austausch miteinander im Vordergrund steht, wollen wir auf diese Weise Verständnis und Respekt für Andersartigkeit fördern. Und natürlich Flagge für Vielfalt zeigen!

Ganz ohne Reibung läuft es trotzdem nicht. Doch wir haben es geschafft, den Großteil der Ängste und Vorbehalte zu zerstreuen. Mehr noch, viele Mitarbeitende sind heute dankbar, dass die geflüchteten Kollegen Teil unseres Teams sind. Für mich ist es nach wie vor sehr bewegend zu sehen, wie sie regelrecht aufgeblüht sind und ihr Selbstvertrauen gewachsen ist: ein aufrechter Gang, ein fester Händedruck, ein Blick in die Augen. Oft werde ich gefragt: Lohnt sich der ganze Aufwand? Meine Antwort lautet eindeutig: Ja, es lohnt sich. Integration ist anstrengend, aber sie bietet auch einen großen Mehrwert für alle Beteiligten. Das zeigt sich bei uns deutlich, und darauf bin ich wirklich stolz.

Unsere geflüchteten Kollegen und Kolleginnen sind heute eine große Bereicherung für das Unternehmen und bei uns nicht mehr wegzudenken. Die meisten arbeiten bei uns in der Manufaktur als angelernte Schweißer oder Näher. Sie besetzen damit Arbeitsplätze, für die wir heute mit am schwierigsten Mitarbeitende finden. Selbstverständlich erhalten sie den gleichen Lohn wie ihre deutschen Kollegen. So sind sie und ihre Familien in der Lage, ihren Lebensunterhalt selbst zu finanzieren. Und sie leisten nicht nur für Unternehmen wie uns, sondern auch für die Gesellschaft einen wichtigen

Mehrwert: Sie zahlen Steuern und Sozialabgaben und tragen dazu bei, dass Produkte in Deutschland produziert und wertvolle Dienstleistungen erbracht werden können.

Vor dem Hintergrund unserer Erfahrungen bereitete uns die Tatsache besondere Sorge, dass wir beobachteten, wie populistische Gesinnungen und Stimmen zunahmen. Seit einiger Zeit schon wurde rechtes Gedankengut lauter und salonfähiger, populistische »Lösungen« erhielten immer mehr Zuspruch und der Ton in Diskussionen wurde rauer. In unser Sales-Meeting im November 2016, auf dem wir unseren internationalen Vertriebsteams die neue Kollektion präsentieren wollten, platzte die nächste ernüchternde und zutiefst verstörende Nachricht. Normalerweise herrscht bei diesen Veranstaltungen eine erwartungsfrohe, gut gelaunte Stimmung. Auch dieses Jahr war im feierlichen Bregenzer Festspielhaus alles darauf ausgelegt, mit Vorfreude in die neue Saison zu starten. Dieses Mal, am 9. November 2016, war alles anders: Donald Trump war überraschend Präsident der USA geworden, und Schock, Ungläubigkeit und Entsetzen machten sich unter den Anwesenden breit. Mit Trump zogen Egoismus, Fremden- und Frauenfeindlichkeit ins mächtigste politische Amt der Welt ein. Für mich verkörpert er eine Politik des Angstmachens und Hassschürens. Und das in einer Zeit, in der wir dringend eine Politik der konstruktiven Lösungen und des Gestaltens benötigen.

Nachdem ich den ersten Schock überwunden hatte und mit meinen Kollegen und Kolleginnen lange über die Bedeutung dieses Wahlausgangs gesprochen hatte, stand für mich fest: Wir müssen Haltung zeigen. Ein bewusstes »Wehret den Anfängen« war dabei mein Leitgedanke. Es ging mir nicht darum, eine parteipolitische Position einzunehmen, sondern darum zu zeigen, dass Fremdenfeindlichkeit und Rassismus keinen Platz in unserer Gesellschaft haben und Vielfalt und Toleranz essenziell für unsere Zukunft sind. Von diesem Zeitpunkt an legte ich großen Wert darauf, dass wir aktiv über unsere Erfahrungen bei der Integration von geflüchteten Mitarbeitenden berichteten. Mir war es wichtig, dass die Gesellschaft ein ganzheitliches Bild zur Situation in Deutschland erhielt und dass auch die positiven Aspekte veröffentlicht und besprochen wurden. Denn in unserer Wahrnehmung dominierten die Ängste und negativen Aspekte, beispielsweise die Gewaltdelikte, die öffentlichen Debatten wie auch die privaten Gespräche.

Gleichzeitig setzten wir uns im Unternehmen inhaltlich mit unserer eigenen Haltung nicht nur zu Einwanderung und Asylpolitik, sondern auch zu anderen gesellschaftlichen Themen auseinander. Es ging uns um Fragen wie Vielfalt, Europa, gemeinwohlorientiertes Wirtschaften und Umwelt- und Klimaschutz. Wir verschriftlichten die Werte, für die wir einstehen wollten, diskutierten sie mit unseren Führungskräften und veröffentlichten sie intern als Richtlinie. Zum Thema Einwanderung und Asylpolitik schrieben wir:

Deutschlandweit und auch in der Region um Tettnang haben Geflüchtete eine neue Heimat gefunden. Wir engagieren uns für die Integration Geflüchteter in den Arbeitsmarkt, um unsere Verantwortung als Arbeitgeber wahrzunehmen. Der zunehmende Populismus, der vermeintlich einfache Antworten auf komplexe Sachverhalte gibt, und die zunehmend lauter werdenden negativen Stimmen Geflüchteten gegenüber beunruhigen uns. Wir wollen deshalb zeigen, wie die Integration Geflüchteter für alle in unserer Gesellschaft erfolgreich sein kann und so zur Erhaltung des sozialen Friedens in der Gesellschaft beitragen.

Von unseren Mitarbeitenden gab es viel Zuspruch zu diesen Positionen, aber es gab auch Skepsis und kritische Fragen: Was bedeutet das für mich konkret? Was passiert, wenn ich nicht mit der Haltung von VAUDE übereinstimme? Diesen Rückmeldungen haben wir uns bewusst gestellt. Wir haben Gespräche geführt und durch Berichte in unserem Intranet Klarheit und Transparenz zum Umgang mit den politischen Positionen von VAUDE und zur Bedeutung für die Mitarbeitenden geschaffen. Das heißt konkret, dass wir als offenes und tolerantes Unternehmen generell auch andere gesellschaftspolitische Meinungen tolerieren. Jeder VAUDE-ler darf und soll seine eigene Meinung haben und diese vertreten. Wir erwarten aber, dass diejenigen, die durch ihren Job beispielsweise als Außendienstler gewissermaßen Markenbotschafter sind und unsere Unternehmensphilosophie und Wertehaltung nach außen vertreten, diese teilen und wertschätzend kommunizieren. Diese Definition als Markenbotschafter hat aus meiner Sicht zur Klärung und zum Verständnis beigetragen.

Über unseren Nachhaltigkeitsbericht haben wir unsere Haltungen veröffentlicht. Auch auf den Social-Media-Kanälen von VAUDE posten wir seither immer wieder dazu. Beispielsweise posteten wir ein Bild von unserer Weihnachtsfeier, auf dem sich unser syrischer Auszubildender Ibrahim hochheben lässt. Wir erzählten davon, wie er sich nach der Odyssee seiner Flucht mittlerweile in Deutschland angekommen fühlt, wie wir einen sehr geschätzten Kollegen gewonnen haben und wie er gespannt sein erstes Weihnachten miterlebte.

Die Reaktionen haben nicht lange auf sich warten lassen. Wir erhielten viel Zuspruch und Wertschätzung, die Anfragen der Medien zu Interviews und Berichten nahmen zu. Wir hatten den Eindruck, dass wir mit unserem Engagement für die

Integration von Geflüchteten und unserer klaren Positionierung für Vielfalt und Toleranz regelrecht einen Nerv getroffen haben. Aber nicht nur im Positiven. Wir erhalten immer noch Anfeindungen, persönliche Beleidigungen und Bedrohungen, die nicht leicht wegzustecken sind. In manchen Mails werden VAUDE oder ich persönlich beschimpft, dass wir uns für »illegale Vergewaltiger und Mörder« einsetzten. Besonders schockiert hat uns eine Mail mit Fotos von abgetrennten Körperteilen, die an unsere Personalabteilung geschickt wurde. Wenn nach einem Zeitungsartikel oder einem Posting von uns wieder eine Hasswelle über uns erging, habe ich mich schon manchmal gefragt, ob ich das dem Unternehmen, den Kolleginnen und Kollegen und auch meiner Familie zumuten kann. Ob wir uns nicht lieber ruhig verhalten und keine Aufmerksamkeit auf uns ziehen sollten. Gleichzeitig habe ich mich über meine Gedanken sofort erschreckt. Wenn schon wir uns als Unternehmen, das sich für nachhaltiges Wirtschaften einsetzt und es gewohnt ist, Gegenwind zu bekommen, nicht mehr wagen, zu unserer Meinung zu stehen, wer traut sich denn dann noch seine Haltung öffentlich zu machen?

In meiner Rede auf der Weihnachtsfeier, in der ich traditionell auf die Höhen und Tiefen des letzten Jahres zurückblicke, habe ich meine Sorgen und Gedanken mit meinem Team geteilt. Es hat mich sehr berührt, als alle spontan und lange applaudierten, und ich spüren konnte, wie viele im Unternehmen in diesen Fragen hinter mir stehen. Das ist es, was mir enorme Kraft gibt: Wenn ich nicht mehr allein mit einer Haltung bin, wenn ich spüre, dass andere Menschen die eigenen Werte teilen.

Was mir in diesem Zusammenhang ebenfalls Rückhalt gegeben hat, war die Unterstützung durch andere Unternehmen. Als der Präsident der Europäischen Outdoor-Branche, Mark Held, von den Anfeindungen gegen uns erfuhr, berichtete er spontan auf der Bühne davon und forderte die mehreren Hundert Besucher des European Outdoor Summit 2018 auf, sich zu erheben, wenn wir als europäische Outdoor-Branche gemeinsam ein Statement für Toleranz und Vielfalt verfassen wollten. Das geschlossene Aufstehen aller Anwesenden tat ebenso gut wie das anschließend gemeinsam verfasste Statement. Auch die Deutsche Bundesstiftung Umwelt, bei der ich stellvertretende Vorsitzende des Kuratoriums bin, entschied sich auf meinen Impuls hin, eine Erklärung für Vielfalt und Toleranz zu veröffentlichen.

Für unser Engagement sind wir mit mehreren Auszeichnungen geehrt worden. Die Ehrungen mit dem »LEA Mittelstandspreis 2017 für soziale Verantwortung« vom Wirtschaftsministerium Baden-Württemberg und dem »Demografie Exzellenz Award 2017« in der Kategorie »fremd & heimisch« für unser Engagement wurden allerdings ad absurdum geführt, als klar wurde, dass sieben unserer neuen Mitarbeitenden ein Arbeitsverbot und im schlimmsten Fall eine Abschiebung drohte. Wir waren fassungslos! Eben noch wurden wir in den höchsten Tönen von der Politik für unser Engagement gelobt und kurz darauf mussten wir befürchten, dass alle unsere Anstrengungen umsonst waren und wir unsere geschätzten Kollegen und Kolleginnen verlieren würden. Nach und nach haben wir zudem mitbekommen, dass nicht nur wir in dieser Situation waren, sondern auch die Mitarbeitenden anderer Unternehmen von Abschiebung bedroht waren und es sogar schon Fälle von Abschiebungen von fest angestellten Geflüchteten gab.

Besonders zynisch fanden wir die Aussage des Pressesprechers des baden-württembergischen Innenministeriums in einem Interview des *Südkurier* im Juli 2017, warum die Politik die Integration der Geflüchteten in den Arbeitsmarkt unterstützt habe: »Die Erleichterungen des Arbeitsmarktzugangs für Asylbewerber und Geduldete wurden in erster Linie geschaffen, um die Abhängigkeit der Ausländer von öffentlichen Sozialleistungen zu reduzieren.« Das klang wie Hohn und Spott gegenüber unserem Engagement und blendete zudem völlig aus, welcher wirtschaftliche Schaden entstehen würde, wenn die Unternehmen ihre Mitarbeitenden verlieren. Erst wurden die Unternehmen aktiv dazu aufgefordert, Geflüchtete zu integrieren und dabei zum Teil auch mit staatlichen Mitteln unterstützt. Jetzt, wo die Menschen einen messbaren Beitrag für die Wirtschaft leisten, gab es keine konstruktiven Lösungen seitens der zuständigen politischen Akteure, damit sie eine sichere Bleibeperspektive bekämen und den Arbeitgebern als Arbeitskräfte erhalten blieben.

Wir waren fassungslos angesichts dieser Situation, die so gegen jeden gesunden Menschenverstand verstieß. Nach internen Diskussionen entschlossen wir uns im September 2017 an die Öffentlichkeit zu gehen: Ich verfasste einen öffentlichen Brief an Angela Merkel, in dem ich unsere Situation schilderte und ihr vorrechnete, welcher wirtschaftlicher Schaden drohte, wenn die Mitarbeitenden mit Abschiebebescheid uns tatsächlich verlassen müssten. Aufgrund der schwierigen Lage, genau diese Arbeitsplätze in der Produktion nachzubesetzen und dem daraus folgenden langen Zeitraum, in dem sie nach der Abschiebung unbesetzt bleiben würden, kamen wir in unserer Rechnung auf etwa 250 000 Euro. Zudem schilderte ich unsere Erwartungen an die Bundesregierung: Dass die anfangs aus der Politik vehement geforderte Integrationsarbeit der Unternehmen gewürdigt sowie erfolgreiche Integration anerkannt würde und dass Geflüchtete, die einen festen Arbeitsplatz hatten, eine Bleibeperspektive und ihre Arbeitgeber Planungssicherheit bekämen.

Von unserer Bundeskanzlerin habe ich keine Antwort erhalten. Dafür meldete sich Gottfried Härle, Inhaber der gleichnamigen allgäuischen Brauerei Härle, der mit den gleichen Problemen zu kämpfen hatte wie wir, und fragte, ob wir uns nicht zusammentun wollten. Gemeinsam mit zwei weiteren engagierten Unternehmern gründeten wir die Initiative Bleiberecht für Geflüchtete in Arbeit, der sich mittlerweile 200 Unternehmen aus Süddeutschland angeschlossen haben. Im Rahmen der Initiative führten wir zahlreiche Gespräche sowohl auf landes- als auch auf bundespolitischer Ebene und erarbeiteten mit der Unterstützung von Rechtsexperten detaillierte Vorschläge für eine gesetzliche Lösung. Leider wurden diese nicht von der Bundesregierung in das sogenannte Spurwechsel-Gesetz übernommen. Das heißt, es gibt immer noch keine sichere Perspektive für die 2500 Mitarbeitenden der Unternehmerinitiative und damit natürlich auch nicht für unsere Kollegen und Kolleginnen.

Das ist sehr frustrierend und schwer verständlich. Doch wir lassen uns nicht entmutigen! Bei VAUDE unterstützen wir nach wie vor unsere Kollegen und Kolleginnen und gemeinsam mit den anderen Unternehmen kämpfen wir weiter für eine politische Lösung. Seit Ende 2019 plant die Landesregierung in Baden-Württemberg eine Bundesratsinitiative, um die Bundesgesetzgebung noch einmal zugunsten eines Bleiberechts für Geflüchtete in Arbeit zu verändern. Selbst wenn das erfolgreich ist, gehen bis dahin jedoch viele Monate ins Land und Woche für Woche werden neue Abschiebungen von wertvollen Mitarbeiterinnen und Mitarbeitern bekannt. Wir fordern daher, dass Baden-Württemberg eine offene Auslegung der Gesetzeslage vornimmt und gut integrierte Mitarbeitende nicht abschiebt. Der Blick in andere Bundesländer zeigt nämlich, dass die Auslegung der Bundesgesetzgebung bereits heute viele Spielräume eröffnet, die von Bundesland zu Bundesland unterschiedlich genutzt werden. Wir setzen uns also weiter dafür ein, dass unsere gut integrierten und wertgeschätzten Mitarbeitenden nicht abgeschoben werden!

Trotz oder gerade wegen des teilweisen heftigen Gegenwindes bin ich der festen Überzeugung: Wir müssen für unsere demokratischen Werte – Menschlichkeit, Toleranz und Offenheit – einstehen. Wir dürfen nicht denen das Wort überlassen, die Angst und Zwietracht säen. Ich möchte Menschen, Unternehmen und Initiativen ermutigen, ihre Stimme zu erheben und Haltung zu zeigen. Ich möchte die schweigende Mehrheit motivieren, aktiv für diese Werte einzustehen, dies auch klar zu äußern und damit vielen anderen Menschen Mut zu machen, dem nachzukommen.

EPILOG: TROPFEN IM WASSER, DIE KREISE ZIEHEN

Ein Pfiff zerreißt die Stille. Zwei Murmeltiere stehen aufrecht vor ihrem Bau, inmitten eines mit weißen und gelben Blumen überzogenen Hanges, und blicken zu uns herüber. Pferde weiden frei auf der anderen Seite des kleinen Flusses, der sich durch die Hochebene windet. Die Sonne blitzt gerade so über die Berggipfel und bringt die malerische Szene vor uns zum Leuchten. Der Aufstieg war hart gewesen, die Motivation unserer Kinder am frühen Morgen unserer mehrtägigen Bergwanderung erwartungsgemäß nicht besonders groß. Die langen und steilen Passagen, verbunden mit der Restmüdigkeit, hatten ihr Übriges getan. Doch davon ist nun nichts mehr zu spüren. Wir bleiben stehen, schauen uns ergriffen um und lassen das Bild vor uns auf uns wirken. Wir strahlen uns an und können diese unerwartete Schönheit gar nicht fassen. Ich fühle mich leicht und weiß in diesem Moment, dass die nächsten Tage gut werden. Dass es gut ist, dass wir hier als Familie stehen und dass wir immer daran zurückdenken werden. In solchen Momenten schöpfe ich Kraft und spüre, wofür es sich zu kämpfen lohnt. Dann erscheint mir alles möglich.

Ähnlich ergeht es mir, wenn ich auf die letzten zehn Jahre bei VAUDE zurückblicke. Wir haben uns auf den Weg gemacht, unser gesamtes Unternehmen nachhaltig zu transformieren. Wir leben den Gedanken eines gläsernen Unternehmens und haben eine weitreichende und über unseren Nachhaltigkeitsbericht vielfach ausgezeichnete Transparenz darüber hergestellt, wo und wie wir produzieren, welche sozialen und ökologischen Auswirkungen unser weltweites wirtschaftliches Handeln hat, worin unsere nächsten Herausforderungen bestehen und in welchen Schritten wir vorgehen. Wir zeigen, dass erfolgreiches Wirtschaften auch in einer globalisierten Welt menschlich, umweltfreundlich und werteorientiert sein kann. Wir haben uns einen hervorragenden Ruf als vertrauenswürdiger Nachhaltigkeitspionier erarbeitet. Das hat uns als im Vergleich zu anderen Marktteilnehmern eher kleinerem Unternehmen die Tür zu zahlreichen großartigen Partnerschaften mit Lieferanten, großen Industriepartnern, Umweltorganisationen und Forschungseinrichtungen geöffnet. Gemeinsam arbeiten wir an konkreten Lösungen, wie wir durch umweltfreundlichere, ressourcenschonendere Materialien, Chemikalien oder Prozesse noch weniger negativen Einfluss auf die Umwelt verursachen können.

Unsere Umsätze liegen regelmäßig über den durchschnittlichen Umsätzen der europäischen Outdoor-Branche. Es ist uns innerhalb der letzten zehn Jahre gelungen, sowohl Umsatz als auch Eigenkapitel mehr als zu verdoppeln. Wir konnten zeigen, dass Nachhaltigkeit nicht wirtschaftsfeindlich ist, sondern zu einem Zukunft gestaltenden Treiber eines Unternehmens werden kann. Dass ein partnerschaftliches und vertrauensvolles Miteinander die Grundlage des Erfolgs sein kann. Wir begegnen einander unabhängig von Geschlecht oder Nationalität vertrauensvoll und auf Augenhöhe und lernen zunehmend, unsere Verschiedenartigkeit als Stärke zu schätzen. Wir ringen miteinander hierarchieübergreifend und vertrauensvoll, leidenschaftlich, aber nicht verbissen, um die bestmöglichen Lösungen. Es macht uns trotz Rück-

schlägen und Widerständen Spaß, gemeinsam Dinge voranzutreiben. Das alles macht mich sehr stolz. Und der Blick darauf gibt mir die Zuversicht, dass so vieles möglich ist. Dass
Strapazen, Konflikte und Mühseligkeit überwindbar sind
und uns nicht davon abhalten dürfen, unseren Weg zu gehen.
Sie gehören nun mal einfach dazu. Es erfüllt und es lohnt sich,
sich für seine Werte konsequent einzusetzen.

Was lässt sich von den Erfahrungen unserer bisherigen
Reise weitergeben? Persönlich habe ich es als enorm wertvoll
erlebt, dass ich meine Aufgabe und meinen Platz im Leben
gesucht und schließlich bei VAUDE gefunden habe. Eine
Aufgabe, die mich leidenschaftlich begeistert und motiviert,
in der ich meine Werte verwirklichen und meine Begabun-
gen einbringen kann. Die Sicherheit, am richtigen Platz zu
sein, ist für mich die Quelle einer tiefen Zufriedenheit und
ein echter Kraftspender. Mir ist bewusst, dass ich als Nachfolgerin in einem Familienunternehmen ein besonderes Glück
und Privileg habe, diesen Weg gehen zu dürfen. Das ist keine
Selbstverständlichkeit.

Nichtsdestotrotz glaube ich, dass das Gefühl des Ange-
kommenseins übertragbar ist. Es macht Sinn, sich die Zeit zu
nehmen und den Aufwand zu betreiben, diesen eigenen Platz
oder die individuelle Lebensaufgabe zu finden. Nicht nur für
den Einzelnen. Wenn viele Menschen am richtigen Platz sind,
dann kann das die Welt ein Stück besser machen. Und wenn
die Aufgabe zu groß erscheint, nicht bewältigbar und noch
keiner je diesen Weg gegangen ist? Dann lohnt es sich in meinen Augen erst recht, den Mut zu haben, sich einfach trotzdem auf den Weg zu machen, einfach mal einen ersten kleinen Schritt zu wagen. Ich habe gelernt, dass es Sinn macht,
den Blick nicht auf die Hindernisse, sondern auf das Machbare zu lenken. Die ersten eigenen Erfahrungen auf diesem

Weg sind kostbar, geradezu unbezahlbar, denn sie führen unweigerlich zum nächsten Schritt.

Aus unternehmerischer Sicht ist es das Wissen und die Erkenntnis um die eigene Verantwortung und die ehrliche und vor allem professionelle Suche nach Lösungen. Beides muss man sich systematisch und wissenschaftsbasiert erarbeiten. Das ist aus meiner heutigen Perspektive zu einer essenziellen Business-Kompetenz unserer Zeit geworden. Nicht nur im Hinblick auf die Bewältigung unserer existenzbedrohenden Herausforderungen, sondern auch ganz klar im Hinblick auf die Erwartungen der Konsumenten, die sich immer stärker im Kaufverhalten widerspiegeln, kann die Frage heute nicht mehr lauten: Kann sich ein Unternehmen Nachhaltigkeit leisten? Sondern: Kann es sich ein Unternehmen heute überhaupt noch leisten, nicht nachhaltig zu sein?

Der Unternehmenskultur und der Gestaltung des Miteinanders kann dabei aus meiner Sicht nicht genug Aufmerksamkeit geschenkt werden. Jeder einzelne Mitarbeitende besitzt so viel nicht in Stellenbeschreibungen oder Zielvorgaben zu fassende Energie und schöpferisches Potenzial. Sie werden dann freigesetzt, wenn das Gefühl besteht, sich mit Herz und Verstand auf etwas einlassen zu können. Wenn glasklare, authentisch gelebte Werte die Richtung vorgeben und man die Frage beantworten kann, ob man zu einem Unternehmen passt. Denn es ist einfach bereichernd und motivierend, konform mit seinen Werten zu leben und arbeiten zu können. Ich durfte miterleben, dass es belohnt wird, an das Gute im Menschen zu glauben und eine Organisation auf Vertrauen und klaren Spielregeln aufzubauen. Es bringt das Positive zum Vorschein, und die Kraft, die dadurch entsteht, kann problemlos ein paar Rückschläge kompensieren.

172

Es benötigt weniger eine spezielle Kompetenz als vielmehr den Mut, eine klare, emotional erlebbare, sinnhafte Vision zu formulieren: Wie will ich als Unternehmen zu einer lebenswerten Welt beitragen? Was treibt mich an? Denn wenn das Ziel und die Motive klar vor Augen sind, kann der Weg gemeinsam gesucht und bewältigt werden. Ich weiß aus eigener Erfahrung, dass es sich gewagt oder vermessen anfühlen kann, sich mit einer ambitionierten, emotionalen Vision angreifbar zu machen, und dass es nicht immer leicht ist, zu seinen Werten zu stehen und sich von ihnen unternehmerisch leiten zu lassen. Es macht verletzlich, sich transparent immer wieder an der eigenen Vision, den hehren Zielen und Vorsätzen messen zu lassen. Auf der anderen Seite habe ich die Erfahrung gemacht, dass genau dieses unvermeidliche Ringen mit Zielkonflikten, Authentizität und eine klare Wertehaltung eine Strahlkraft entwickeln, die anzieht, Hoffnung erzeugt und nicht zuletzt Vertrauen schafft. Ich habe feststellen dürfen, dass dieser Weg unerwartete Türen öffnet, leidenschaftliche Mitstreiter findet und konstruktive Partnerschaften entstehen lässt. Plötzlich ist so viel mehr möglich, als zu Beginn auch nur ansatzweise vorstellbar war.

Mich treibt der Gedanke an, dass mich eines Tages meine Kinder fragen, was ich getan habe, um den Problemen unserer Zeit – Klimawandel, Artensterben und ein ansteigender politischer Extremismus – zu begegnen. Diese Entwicklungen sind dramatisch und schüchtern auch mich angesichts ihrer existenzbedrohenden Größe ein. Wie wollen wir es als Menschheit schaffen, diesen Herausforderungen innerhalb der nächsten Jahre gerecht zu werden? Wie können wir unseren Kindern einen lebenswerten Planeten hinterlassen?

Ich finde es zutiefst beeindruckend und bewegend, dass heute – zehn Jahre nach meiner Übernahme von VAUDE –

dank einem schwedischen Mädchen, Kinder und Jugendliche weltweit auf die Straße gehen. Sie fordern uns, ihre Eltern, auf, etwas zu ändern, weil sie nicht zuschauen wollen, wie ihre Zukunft aufs Spiel gesetzt wird. Sie richten ihren Appell an die Verantwortlichen in Politik und Wirtschaft, weil sie wollen, dass endlich gehandelt wird. Ich bin dankbar, dass die Problematik durch sie endlich in der Mitte der Gesellschaft angekommen ist. Ich spüre, wie mich diese klare und fordernde Haltung auch selbst darin bestärkt, weiter dranzubleiben, uns als Unternehmen noch ehrgeizigere Ziele zu setzen und auch mein eigenes Verhalten zum Beispiel beim Reisen oder in der Ernährung konsequent zu hinterfragen.

Bleibt die Frage, ob das Engagement einzelner Menschen und Unternehmen überhaupt genug sein kann oder ob diese Aktionen nicht immer nur ein Tropfen auf einen heißen Stein sind. Ich habe ein anderes, wesentlich hoffnungsvolleres Bild vor Augen: Ich sehe Tropfen, die ins Wasser fallen und Kreise ziehen. Ich nehme zum Beispiel wahr, dass es spürbare Auswirkungen hat, wenn Kunden beim Kauf nach der fairen und ökologischen Seite der Produkte fragen. Das führt dem Handel die Nachfrage nach solchen Aspekten direkt vor Augen und trägt dazu bei, dass sie im Einkauf stärker berücksichtigt werden. Ich sehe, dass sich unsere Mitarbeitenden auch privat ganz automatisch mehr Gedanken über das eigene Handeln machen, seit wir bei VAUDE unsere Mobilität, Energieversorgung oder Räumlichkeiten umweltfreundlich gestalten. Ich bin bewegt von der Erfahrung, dass unsere klare positive Haltung zur Integration vielen Kollegen und Kolleginnen den Rücken gestärkt hat, im privaten Kreis Haltung zu beziehen. Ich freue mich, dass unsere Produzenten plötzlich Ursachenforschung betreiben, wenn sie durch unsere regelmäßigen Wasserproben feststellen, dass bereits vor der Produktion Schadstoffe im Frischwasser enthalten sind. Sie tauschen sich mit ihren Industrienachbarn aus und stoßen Lösungen an, um auch außerhalb ihres eigenen Betriebs für Schadstofffreiheit zu sorgen.

Ich bin der festen Überzeugung, dass aus diesen kleinen Kreisen Wellen entstehen, die Großes bewegen und vorantreiben können. Ich möchte dazu ermutigen, sich immer wieder der eigenen Werte bewusst zu werden, sie hörbar zu machen, Stellung zu beziehen und sich nicht von Widerständen abhalten zu lassen, den eigenen Weg zu suchen und beherzt zu gehen – sei es als Bürgerin, Konsument, Unternehmerin oder Mitarbeitende. Momentan fühlt es sich so an, als ob die Welle der positiven Veränderung sich immer weiter aufbaut. Wir sind viele. Das macht mir Mut!

DANKSAGUNG

Für mich ist es ein Privileg, VAUDE in zweiter Generation mit einem tollen Team leiten zu dürfen. Vielen Dank an meinen Vater Albrecht, der dieses wunderbare Unternehmen aufgebaut und mir das Vertrauen geschenkt hat, es weiterzuführen. Danke an meine großartigen Geschäftsleiter Jan, Erwin und Uwe. Es ist mir ein großes Vergnügen und eine Ehre, mit euch gemeinsam den nachhaltigen Weg von VAUDE zu gestalten. Mein besonderer Dank gilt ebenso denen, die den Weg der letzten elf Jahre als langjährige Führungskräfte, als Stabstellen, als Mitglieder im CSR-Team oder der Mitarbeitervertretung intensiv mitgestaltet, ermöglicht und geprägt haben wie Hilke, Miri, Uwe A., Harald, Peter, Helmut, Bettina, Kai, Meli, Renate, Markus, Frank, Thomas, Desi, Elke, Gernot, Ralf, Manni, Isa, Aaron, Gabi, Mario, Lutz, Birgit B., Oli, Torsten K., Uschi, Michi B., Anita, Uwe B., Sylvia R., Christine G., Christine K., Jochen, Jonas, Martin K., Philipp, Lisa, Maike, Petra, Anna, Lara, Anika, René, Sven, Sarra, Ben, Massi, Elena, Sabine und meiner Assistentin Martina. Danke auch an die zeitlich noch »frischeren« Führungskräfte, Mitarbeitervertreter, CSR-Teammitglieder sowie an unsere ERP-Projektmitarbeiter, Ausbilder, Gesundheitscoaches, Ideenscouts, die Mitglieder unseres Festausschusses (ich sage doch, dass wir dafür einen neuen Namen brauchen!) sowie alle anderen VAUDEler, die sich für unsere gemeinsame Zukunft und unser Miteinander engagieren! Ich bin stolz darauf, was wir gemeinsam schaffen und es ist mir eine Freude mit euch zu arbeiten. Ihr macht VAUDE zu dem, was es ist: ein Stück Heimat. Mein großer Dank geht an Wolfgang. Danke, dass du es mir ermöglichst, meinen Weg mit VAUDE zu gehen, dass du mich unterstützt, berätst und mit deinem visionären Denken immer wieder neu begeisterst und inspirierst. Danke an dich und unsere Kinder Julie, Lotta, Paul und Mats. Ich liebe euch. Dass ihr immer wieder stolz auf mich seid bedeutet mir sehr viel und motiviert mich. Ihr seid meine Kraftquelle. Danke an meine Mutter Inge, die mir innere Freiheit und die Liebe zur Natur in die Wiege gelegt hat, und auch an meine Schwestern Martina und Kerstin: Sisters always find a way! Schön, dass es euch gibt.

Vielen Dank an alle, die zur Entstehung dieses Buchs beigetragen haben: Meiner sympathische Lektorin Charlotte von Benevento, die nicht nur die Idee zum Buch hatte, sondern auch die charmante Überzeugungskraft, es umzusetzen. Meiner Kollegin Steffi, die »mal eben« den Aufbau dieses Buchs skizziert hat, mir damit Mut gemacht hat, das Projekt anzugehen, und auch bei der Umsetzung mitgewirkt hat. Meiner Freundin Kerstin, ohne deren tatkräftige sowie moralische Unterstützung und Begleitung das Buch nicht entstanden wäre. Verena und Sarah für die spontane Hilfe beim Quellenverzeichnis. Cosi, Gernot, Andri, Anja und Birgit für ihre wertvollen Anregungen und Elke für die großartige Unterstützung auf den letzten Metern des Buchs. Du hast dafür gesorgt, dass es sich nicht wie ein einsamer Endspurt, sondern ein gemeinsamer Homerun angefühlt hat! Ein Danke von Herzen an meine wunderbare Freundin Frauke, die mit Herz, Seele und Verstand immer da ist, wenn ich sie brauche. Danke für deine wertvollen Gedanken zum Buch!

Ein großes Dankeschön an Ministerpräsidenten Winfried Kretschmann. Für mich steht er für einen Politikstil mit Haltung und Werten, daher freue ich mich sehr, dass er das Vorwort zu meinem Buch geschrieben hat.

NACHWEIS DER QUELLEN, AUSZEICHNUNGEN UND SIEGEL

Mutter und Firmenchefin
Geburtenrate Deutschland 2018:
Eurostat 2018, https://www.presseportal.de/pm/121298/3993446
(letzter Zugriff: 21.11.2019)

Nachhaltigkeit als Mission
Belastung chinesischer Flüsse durch Chemikalien aus der Textilindustrie:
Greenpeace Studie, 13. Juli 2011: Schmutzige Wäsche, Teil 1, https://
www.greenpeace.de/sites/www.greenpeace.de/files/20110713-
Schmutzige-Waesche-China-Detox.pdf (letzter Zugriff: 23.02.2020)

Umweltmanagementsystem der Europäischen Union:
https://www.emas-register.de/recherche?a=suche&registernummer=
DE-&firma=Vaude&bundesland=Baden-Württemberg&managementzentrale=on&p=1&erweitert=true (letzter Zugriff: 20.02.2020)

Fair Wear Foundation:
https://api.fairwear.org/wp-content/uploads/2018/04/Vaude-sport-gmbh-co-kg-Performance-Check.pdf (letzter Zugriff: 20.02.2020)

Grüner Knopf:
http://www.bmz.de/de/presse/aktuelleMeldungen/2019/september/
190909_pm_048_Minister-Gerd-Mueller-stellt-staatliches-Textilsiegel-
Gruener-Knopf-vor/index.html (letzter Zugriff: 20.02.2020)

Frauen nach vorn

Frauenquote in Führungspositionen deutscher Unternehmen:
Statista 2019, https://de.statista.com/themen/873/frauenquote/
(letzter Zugriff: 21.11.2019)

Kontrolle ist gut, Vertrauen ist besser

Kooperationsverhalten im Sinne des Gemeinwohls:
Armin Falk: Homo Oeconomicus versus Homo Reciprocans:
Ansätze für ein neues wirtschaftspolitisches Leitbild? Juli 2001, Zürich,
http://www.econ.uzh.ch/static/wp_iew/iewwp079.pdf (letzter Zugriff: 01.02.2020)

Neue Entwicklungen in der Theorie des Homo Oeconomicus:
Thomas Gull: Der Homo oeconomicus neu definiert, März 2002,
https://www.forum.lu/wp-content/uploads/2015/11/4750_214_Gull.pdf (letzter Zugriff: 01.02.2020)

Vertrauen und Wertschätzung in der Führungskultur:
Antje von Dewitz: Die Gestaltung eines leistungsstarken Arbeitsverhältnisses durch »Talent Relationship Management«. Ein praxisorientiertes Konzept für mittelständische Unternehmen, Aaachen, Shaker Verlag, 2006

Mit Streit zum Mitstreiter

Besorgniserregende Eigenschaften von PFC:
Umweltbundesamt 2018, https://www.umweltbundesamt.de/themen/chemikalien/chemikalien-reach/stoffe-ihre-eigenschaften/stoffgruppen/per-polyfluorierte-chemikalien-pfc/besorgniserregende-eigenschaften-von-pfc (letzter Zugriff: 21.01.2020)

Detox-Outdoor-Kampagne:
Detox-outdoor.org (o.D.): Unsere Theorie des Wandels, https://detox-outdoor.org/de-CH/über-die-kampagne/ (letzter Zugriff: 23.01.2020)

Greenpeace Studie zu Schadstoffen in der Outdoor-Branche:
Greenpeace Outdoor Report, 26. Oktober 2012: Chemie für jedes Wetter,
https://www.greenpeace.de/sites/www.greenpeace.de/files/gp_outdoor_report_2012_fol_final_neu_03_es_0.pdf (letzter Zugriff: 23.01.2020)

Aufruf zur Einhaltung der Detox-Vorgaben in der Outdoorbranche:
Greenpeace Outdoor Report, 1. Dezember 2013: Chemie für Gipfel-
stürmer, https://www.greenpeace.de/sites/www.greenpeace.de/
files/publications/20131212-greenpeace-outdoor-report-2013.pdf
(letzter Zugriff: 20.02.2020)

Reaktion der Hersteller auf Greenpeace-Test zu Outdoor-Textilien:
Greenpeace-Artikel, 2. Januar 2014: Adidas und VAUDE um Ausreden
nicht verlegen, https://www.greenpeace.de/themen/endlager-
umwelt/adidas-und-vaude-um-ausreden-nicht-verlegen (letzter Zugriff: 23.02.2020)

Rückgang der Tierbestände weltweit:
WWF Living Planet Report 2018, https://www.wwf.de/living-planet-
report/ (letzter Zugriff: 24.01.2020)

Studie über Insektensterben:
Zeit Online, 18. Oktober 2017: Ein ökologisches Armageddon
https://www.zeit.de/wissen/umwelt/2017-10/insektensterben-flug-
insekten-gesamtmasse-rueckgang-studie (letzter Zugriff: 24.01.2020

VAUDE »Greenpeace Detox Commitment«:
Nachhaltigkeitsbericht, 13. Juli 2016, https://nachhaltigkeitsbericht.
vaude.com/gri-wAssets/pdf/en/VAUDEGreenpeaceDetoxCom-
mitmentFINAL.pdf (letzter Zugriff 23.01.2020)

Detox Commitment:
https://www.greenpeace.de/sites/www.greenpeace.de/files/publications/
20170727-greenpeace-factsheet-detox-firmenliste.pdf (letzter Zugriff:
20.02.2020)

GOTS-Zertifikat:
https://www.global-standard.org/de/public-database/suche-nach-
firmen-und-produkten/database/search_result/26471.html (letzter
Zugriff: 20.02.2020)

Volksbegehren zum Artenschutz – »Rettet die Bienen«:
Südkurier, 14. August 2019: Das müssen Sie jetzt über das Bienen-Volks-
begehren wissen: Die Argumente von Befürwortern und Gegnern im
Überblick, https://www.suedkurier.de/region/bodenseekreis/boden-

seekreis/Das-muessen-Sie-jetzt-ueber-das-Bienen-Volksbegehren-wissen-Die-Argumente-von-Befuerwortern-und-Gegnern-im-UEber-blick;art410936,10247436 (letzter Zugriff: 23.01.2020)

VAUDE Stellungnahme zum Volksbegehren Artenschutz:
VAUDE Pressesbereich,18. September 2019: Unsere Haltung zum Volksbegehren Artenschutz, https://www.vaude.com/de-DE/Unternehmen/Presse/Stellungnahmen/Unsere-Haltung-zum-Volksbegehren-Artenschutz (letzter Zugriff: 23.01.2020)

Wachstum ist nicht alles!
Artikel 14 Eigentum:
Grundgesetz für die Bundesrepublik Deutschland, 23. Mai 1949, https://www.gesetze-im-internet.de/gg/art_14.html (letzter Zugriff 24.02.2020)

Artikel 151 Gemeinwohl:
Verfassung des Freistaates Bayern, 15. Dezember 1998, https://www.gesetze-bayern.de/Content/Document/BayVerf-151?AspxAutoDetectCookieSupport=1 (letzter Zugriff 24.01.2020)

Greenpeace-Umfrage zu Kaufverhalten, Tragedauer und der Entsorgung von Mode:
Greenpeace Studie, November 2015: Wegwerfware Kleidung, https://www.greenpeace.de/sites/www.greenpeace.de/files/publications/20151123_greenpeace_modekonsum_flyer.pdf (letzter Zugriff 24.01.2020)

Überproduktion in der Textilwirtschaft:
Greenpeace Studie von 2019: Konsumkollaps durch Fast Fashion, https://greenwire.greenpeace.de/system/files/2019-04/s01951_greenpeace_report_konsumkollaps_fast_fashion.pdf (letzter Zugriff 24.01.2020)

Gemeinwohlbilanz Bodan Großhandel für Naturkost GmbH 2015/16:
https://www.bodan.de/e2911/e2921/e5184/columns6475/Elemente6476/180621_BODAN_GW-Bilanz_Testat.pdf (letzter Zugriff 30.01.2020)

Gemeinwohlbilanz VAUDE 2016/17:
https://nachhaltigkeitsbericht.vaude.com/gri-wAssets/pdf/de/
Dokumente-2018-fuer-2017/201gwoe_testat_5_0_AUDIT_Vollbilanz_
VAUDE.pdf (letzter Zugriff: 20.02.2020)

Gemeinwohlbilanz Greenpeace 2015/16:
https://www.greenpeace.de/sites/www.greenpeace.de/files/publi-
cations/greenpeace-gemeinwohlbilanz_2017_version_14.03.18.pdf
(letzter Zugriff 30.01.2020)

Ökologischer Fußabdruck von Produkten:
Systain Consulting GmbH: Carbon Footprint Studie (2009), https://
www.systain.com/wp-content/uploads/2015/09/Systain_Studie_
Carbon_Footprint_Deutsch.pdf (letzter Zugriff: 20.02.2020)

Haltung zeigen in haltlosen Zeiten
Mittelstandspreis:
https://lea-mittelstandspreis.de/lea-bw/verleihung/archiv/preis-
verleihung-2017/ (letzter Zugriff: 20.02.2020)

Exzellenz Award:
https://www.demografie-exzellenz.de/2017/09/05/preistraeger-
2017/ (letzter Zugriff: 20.02.2020)

Aussage des baden-württembergischen Innenministeriums zur Integration von Geflüchteten in den Arbeitsmarkt:
Südkurier, 13. Juli 2017: Unternehmen kämpfen gegen Abschiebung
ihrer Mitarbeiter, https://www.suedkurier.de/region/bodenseekreis/
bodenseekreis/Unternehmen-kaempfen-gegen-Abschiebung-ihrer-
Mitarbeiter;art410936,9329767 (letzter Zugriff: 21.11.2019)

Richtlinie zu den Werten von VAUDE:
Nachhaltigkeitsbericht, 2018: Gesellschaftspolitische Themen: Unsere Berührungspunkte und unsere Positionen, https://nachhaltig-
keitsbericht.vaude.com/gri/vaude/unsere-politische-haltung.php
(letzter Zugriff: 21.11.2019)

DR. ANTJE VON DEWITZ, geboren 1972, ist
seit 2009 Geschäftsführerin der Outdoor-
Marke VAUDE, die 1974 von ihrem Vater gegründet wurde. Für das langjährige soziale
und ökologische Engagement wurden sie und
das Familienunternehmen vielfach ausge-
zeichnet, u. a. mit dem deutschen Nachhaltigkeitspreis und dem Verdienstorden des Lan-
des Baden-Württemberg. Sie lebt mit ihrem
Mann und vier Kindern am Bodensee.

MOTIVIEREND, INSPIRIEREND UND UNTERHALTSAM

Motsi Mabuse und Jogi Löw, Julien Bam und Frauke Ludowig, Mark Benecke und Titus Dittmann – jeder Weg zum Erfolg ist anders. Katrin Müller-Hohenstein und Jan Westphal haben erfolgreichen Menschen zehn Fragen gestellt, die zur Reflexion einladen. Eindrucksvoll und inspirierend!

KATHRIN MÜLLER-HOHENSTEIN & JAN WESTPHAL
VIEL ERFOLG!
384 Seiten · 14,5 × 21,0 cm
ISBN: 978-3-7109-0092-1
Hardcover · € 22,00

NATURSCHUTZ STATT MASSENTOURISMUS

Reinhold Messner kämpft für einen nachhaltigen Umgang mit der Natur. In seinem Buch zeigt er, was wir tun müssen, um die grandiose Landschaft und den einzigartigen Lebensraum der Gebirge für nachfolgende Generationen zu erhalten. Wir haben kein Ersatzgebirge – rettet die Berge!

REINHOLD MESSNER
RETTET DIE BERGE
128 Seiten · 10,5 × 19,2 cm
ISBN: 978-3-7109-0071-6
Hardcover · € 10,00